職場關係學

WORKPLACE RELATIONS

耿興永 著

裝傻、避禍、成功！無聲勝有聲，
菜鳥必修的職場潛規則，紅人的職商秘密

裝傻才是真聰明！低調奧義，職場中的裝傻學

職場初期常充滿迷茫與挑戰，
本書將指導你如何從失敗中崛起，
調整心態，以平常心面對未來。

透過揭示職場中的隱秘規則，
學會觀察、隱忍，並選擇合適時機展現才華。

目錄 Contents

目錄 Contents

目錄 Contents

目錄 Contents

目錄 Contents

目錄 Contents

序

每到一年中找工作最忙碌的時候，看著我們那些年青的朋友，懷揣著名校的畢業證書和一大堆的獲獎證書，抱著對生活的無限夢想，頭也不回地沖入社會，以為憑著自己的意氣沖闖一番，就能夠闖出一番天地來。然而幾番博弈沉浮之後，我們再看到他們的時候，不是心氣全無，就是灰頭土臉，用一個字來形容最恰當，那就是「慘」。

每到這時，我都想寫幾句。

我們的很多朋友，從小受慣了「理想型」的教育，家長誇獎你，老師稱讚你，上了大學，又幾乎完全是聽從老師同學的，生活內容少得可憐，無非就是讀讀書、上上網、玩玩遊戲什麼的。對生活沒有什麼真正的了解，以為生活就是簡單的與別人相處，做點工作，然後就什麼都有了。這其實完全是對生活的誤解。

職場和你以前的生活完全不同。以前的生活有人引導你、幫助你，給你提供了很多的便利，但在職場中很少會這樣，大都得靠你自己去努力，尤其是人際關係方面的問題。因為很多人都沒有社會經驗，不知道怎樣與人相處，在這方面幾乎是一片空白。

很多人都因為不會處理人際關係吃了大虧。別人都升職了，加薪了，獎金翻倍了，他還在那埋頭苦幹，付出很多，得到很少，自己卻一點都不明白，受打擊，遭排擠，還不知道是怎麼一回事。

職場生存的關鍵，在於你要學會觀察，要學會隱忍，仔細經營，厚積薄發。不僅要把職場當成一個工作場合，更要當成一個人際場來對待。因為職場當中充滿著各種人與人之間感情與利益的博弈，只有認識到這一點，你才有機會成功。千萬不能再像以前那樣「書生意氣，揮斥方遒」，對人情世故不聞不問，一概不通，什麼事情都簡單處理，那樣做只能是讓你陷入自己孤立無援、麻煩不斷的境地。

這本書講述了很多職場中的隱祕經歷。其中的很多事情，可能從來沒有人跟你說起，因為它們是一種潛規則，雖然很多人都心知肚明，但很少有人願意把它們說出來。因為一旦說出來，它們就可能成為顯規則，失去那種潛在的作用了。尤其是對於職場新人來說，由於剛剛開始工作，對於這些事情幾乎是一無所知。

書中的案例涉及很多人共同的知識和經歷，它們是很多人多年經驗的總結，只有細心地研究，才會有深刻的心得體會。

讓人感到欣慰的是，經過一番努力後，很多人都找到了職場工作的竅門，增強了駕馭職場的能力，對此相信你也能夠做到。如果你還在為職場生活感到困擾，那麼請你認真閱讀這本書，研究它，從中獲益，使自己成為職場中呼風喚雨、叱咤風雲的強者。

編者

第一部分

忘掉「魯蛇」般的過去，從現在重新開始吧

01不要想著一步登天

一位企業的高管是做人力資源工作的，對企業很熟。談起現在的企業情況，他跟我說了一個故事。他說現在的年輕人，幾乎都有一個共同的心態：急於成功，一步登天。一畢業，就被一家大公司錄用了，工作條件好，待遇高，一上手就有一個月好幾萬甚至數十萬的薪資，獎金福利什麼的就不用提了，平時飛來飛去，工作體面，還很輕鬆。同事關係也很簡單，上級也格外關照，有什麼事都處處讓著，同事們也都很關照他，那些傳說中的小摩擦、小心眼什麼的，根本都沒見到，不僅不給他添麻煩，還處處幫助著他，讓他感覺特別順。當然，再加上一點就更完美了：被一個漂亮女孩看上，女孩死心踏地跟著他，條件再怎麼不好也不埋怨。這樣，工作、事業、愛情都有了。說完了，他問我：「你看，這樣美不美？」我聽著笑了，對他說：「哪有這樣的好事，有這樣的好事，我們怎麼沒遇到啊。」

一畢業就能找到一份好工作幾乎是每一個人的夢想。有一個好的起點，可以省下不少力氣，你成功的機會就會很大。但是，客觀地說，這樣的情況是很少見的。剛走出校門，懷有很多夢想，是好事，但是千萬不要因此就看不到眼前的現實了。對於多數人來說，理想化的生活是很難得到的，面對現實才有可能早點解決問題。

我曾經遇到過一位企業高管，他現在是某上市公司的總經理了，很風光，處處成功，人人羨慕。可是他當年剛到公司工作的時候，只是一名普通工作人員，做的是最底層的工作，每天都得做很多雜事，沒時間學習，也沒人重視。這讓他十分失望。後來公司裡有一位朋友，看到他這個樣子，對他說：「你是年輕人，急什麼，剛工作的時候每個人都是這樣，哪有一步登天的。平時少抱怨，多觀察，多學習，然後才能有機會。」他聽了，覺得很有道理。從那以後，他變得積極主動，有什麼事情別人沒說，他也去做。工作中不論大小事情他都積極向別人請教。尤其是很注意與同事的相處，與各方面的交往都很好。結果，他發現大家對他的態度真的變了，由一開始的不冷不熱，變得熱情十足，工作中有什麼機會也都想著他。這樣，幾年下來，不管是在個人能力上，還是在公司的地位上，他都提高了很多，逐漸就升上去了，年紀不大就成了公司的中階幹部，為他以後的發展打下了很好的基礎。

年輕人，剛走出校門，對生活可以說是跟瞎子沒兩樣，毫無知覺，只是憑著自己的感覺行事，到處亂撞。一開始這樣做還可以理解，但是時間久了就不行了。必須放下架子，好好學習。

有一個笑話，說剛參加工作的小伙子抱著一堆文件來到一台機器前，想把文件都影印下來。因為根本沒見過這台機器，還以為是影印機呢，於是摸索了半天，終於把文件塞了進去，過了一會兒，機器的另一端出來的是一片片的紙屑，原來這是一台碎紙機。

當然這有些誇張，我想我們還不至於連影印機和碎紙機都分不清。不過，故事說得也是有道理的。很多人會想：「哦，我在學校的成績，全都是A+，到了外面怎麼就不行了呢？」其實，學校與外面的生活完全是兩回事情。很多知識，在學校有用，到了社會上就用不了了。因為社會上更多的是實踐，你原來學的那點說教根本不切實際，所以必須做好準備，很可能你的很多知識都要重新開始學習。對職場人際關係的修煉更是如此。因為你以前的生活環境與現在的完全不同。以前的生活環境，就是學校、老師、家長、同學，頂多再有幾個朋友。但是現在，複雜得讓你難以想像。各種人際關係中的糾紛，你都要去應付。所以，必須把它當成一件嚴肅的事去對待。職場中的修煉，關係到你一生的前途，必須加以重視。

在你步入社會的時候，要安下心來，踏踏實實做個好菜鳥，學好生活中的每一課，這是我給你的第一個忠告。

02生活總是一步步來的，要學會面對它

新手常犯一個錯誤，就是愛幻想。

一位張姓讀者來信說：

牟老師，您好！我是一名剛走出校門的大學生，我學的是電腦專業，在學校是優等生，學業成績很好，一直受到同學的喜歡和老師的重視。但是今年畢業，走上社會，我卻發現自己不行了。具體地說，就是總也適應不了自己的工作。要說有什麼難處，就是本領沒學到，主管還總讓我做一些雜事，同事們也把自己不願意做的工作交給我，總是有意難為我。本事沒學到，反而成了公司裡的勤務兵了，從工作到後勤，甚至是主管的個人問題，我都得幫忙解決，我已經成為公司的『救火隊』了，哪著火就往哪派。在學校學的東西用不著，又整天忙著一些自己都不知道在做什麼的事情，讓我感覺很亂，我該怎麼辦?我曾經很努力，可是現實不能不讓我產生種種懷疑。

我該怎麼辦，怎樣才能渡過這一難關?

對此我給他的回信是：

「張同學，看了你的來信我也感到很憂慮。實際上，你所遇到的問題，是許多人都曾經面對的。工作環境不理想，工作太碎太雜，在忙碌中之中找不到自己的方向，這是許多新人都遇到過的問題。不過，儘管如此，我給你的建議還是要堅持下去。年輕人走上社會，沒經驗，不會處理問題，這都是很正常的，每個人都有這樣一個過程，你要學會面對它。只有經過了這一階段，你才能夠成長起來。如果你不能面對這個問題，灰心喪氣，那對你的將來會產生很消極的影響。你應該意識到一點，理想與現實的差距是超大的，你必須學會以一種新的方式來面對生活，積極面對現實，務實地解決問題，這樣你才能夠成功。千萬不要整天抱怨，這樣做不但不能幫助你成功，反而會瓦解你的意志。」

我們都希望自己有一個好的起點，讓自己的人生走得更順利。但是現實中龐大的社會讓你感到迷茫，找不到方向，即使想努力，也不知道該從何做起；經常陷入困難的處境，不知道自己什麼時候才能夠走出來。面對這種情況時，一定要積極地改變它。有幾個人工作時不是從零開始？從你的第一份工作開始，好好地累積經驗，無論在哪失敗，都要吸取經驗教訓。這樣你才能夠快速長大。

一位外國著名的管理學家曾經說過一句話：「職場最初的三個月，往往是你一生中最關鍵的三個月。」為什麼這麼說呢？這是因為，職場中最初三個月，往往是一個人一生中最煩燥、最易感到無助和迷茫的時期，因為生活環境的重大改變，種種超乎想像的挑戰，需要你儘快地去適應它。如果連這一點都做不好，你就很難在職場中站穩腳跟。

職場中的新手，最忌諱的就是沉迷在自己的幻想中，不能面對眼前的現實，而是寄希望於奇蹟的發生，這樣下去，你可能什麼也得不到。當你真正放下這些偏見，以一種積極務實的態度去面對生活時，你才會發現其實生活中有很多的機會，從而找到屬於自己的機會。如果只是一味地幻想、抱怨，只會在白白等待中浪費機會。這樣反而讓你得不償失。

03學點人情世故，才能把握自己的將來

年輕人沒經驗、沒背景、沒資歷，就更要學點人情世故，這樣才能夠為你的生活謀得一個好的環境。

很多人都因為不會人情世故，結果吃了大虧。

有一位朋友給我來信，抱怨說：「我屬龍，處女座，出來到社會上混已經快五年了，但是沒有起色。剛工作時就覺得特別茫然，原因是性格太直，不會人情世故。跟人一相處，不知道在哪就把人得罪了，弄得誰都不高興。後來又工作了一段時間，我學乖了，懂得怎麼保護自己了，再不像以前那樣說話沒道理了。結果呢，還是一樣，這回別人又說我耍小聰明，什麼事情都總護著自己，不為別人想。唉，這可真是太為難我了，這樣不行，那樣也不行，到底該怎麼辦啊？」

對此，我給他的回答是：「一定要老練一點，新人不會人情世故很正常，但不要灰心，說錯幾句話，做錯幾件事，這是正常的事，也是應有的過程。慢慢地去揣摩人際場上的竅門，你

總會找到生活的門路的。」

要你在人際場上經營點人情世故，並不是說要你放下自己的面子尊嚴，毫無自我地去逢迎別人，而是說凡事都要把握分寸，多方面考慮問題，與別人愉快相處，在與別人周旋中把事情做好。你想一下，人心都是肉長的，如果你做事不得體，處處讓人難堪，別人怎麼可能真誠對待你，怎麼能夠讓你順心，凡事多考慮各方面的要求，相互體諒，找到問題的最佳解決辦法，這樣才能夠為你在職場中贏得一個良好的空間。如果不會和別人相處，處處惹麻煩，搞對立，那麼你面對的處境就只有一個，就是與人交惡，再也沒有發展的機會了。

也是一位年輕人，向我抱怨：「別人都說我沒頭腦，不會說話。其實我就是愛說話，說話時想得少一點，想到什麼，不小心就說出來了，其實完全沒有想去害別人的意思。但他們不這樣認為，覺得我這個人經常亂說，總是給他們搞出問題來。有一次同事們一起去開會，會議中間需要有人出去列印幾份資料，我手裡有一份工作，離不開，就對一個同事說：『你現在這麼閒，要不你去印出來吧。』其實我並不是有意偷懶不做事，只是覺得他正好很閒，那他就去阿。可是這樣子讓他誤解了，他覺得我是在說他不做事，有很長時間一見我都想發火的樣子。在主管面前也是如此，有一次主管要幾個人晚上加班，我覺得加班沒什麼的，反正自己也是剛工作，單身，但是不知怎麼回事到了嘴邊卻說成：『反正晚上也沒事，加就加吧。』其實我沒什麼怨言，但是說出來，不知道怎麼就讓人感覺是抱怨的話了，弄得主管很不高興，覺得我是背地對他諸多不滿。就這樣，因為這些事，把公司的同事們都得罪光了，我也想學聰明一點，可是我覺得自己這樣也沒錯啊。」

職場新人，由於過去經歷太少，沒什麼生活經驗，一到了複雜的場合，幾乎完全不能掌握自己。說話做事沒技巧沒分寸，整天忙著傻傻做事，到處都有你的身影，以為這下主管能夠喜歡自己，結果主管根本沒把你放在眼中。再就是那種整天什麼都不說，躲在一邊，生怕有什麼事分到自己手上，生怕有什麼話說錯了。再就是得罪上級，得罪同事，直到你成為一個孤立的對象了，自己還不明白。

所以說，一定要學會一點人情世故，不是為了別的，就是為了你將來的發展吧。

04別那麼在乎你的背景

有很多人一走上職場，跟周圍的人一比，一下心就涼了。看看別人，不是成大，就是台大的，只有自己，學不出眾，貌不驚人，似乎樣樣都沒法和別人比。這可該怎麼辦？

其實，無論遇到哪種情況，你都不能失去信心。人最怕瞧不起自己，想想你都瞧不起自己了，那別人還能把你當一回事兒嗎？想想那些台大成大的，不也是努力考上去的嗎？你要努力，也可以做到。如果本來資歷背景就差，人又不努力，那就更看不到希望了。

有這樣一位朋友向我訴說他的經歷，可以說是很令人感慨吧。他畢業於一所很普通的大學，學歷資歷經驗背景，跟許多名校的人相比，簡直可以說是沒法比。找工作時找了很久也找不到合適的，後來胡亂投了履歷，不知怎麼的就得到一家大公司的應徵機會，抱著試試看的態度去了一趟，沒想到還真錄取了，心想，可能全是運氣吧。不管怎樣，總算是有工作了。懷著一種複雜的心情去上班，到了工作職位一看，心又涼了半截。別人基本上都是名校出來的，哪一個都比自己強。他想這下子可完了，可怎麼和人家比啊？因為有這種想法的存在，上班的時候都抬不起頭來，看到別人都不敢說話。可是正巧在這時候，公司因為某種需要，要談一項業務，需要一個懂業務的人。他因為在實習的時候去過一家工廠，有過一些實習經驗，想來想去，決定試試，跟主管一說，沒想到主管同意了。就這樣，也跟很多名校出來的人一起去做那份工作了。實際上他心中根本沒把握，根本不知道結果會怎樣，可是到了那一看，那裡的工作項目正好是他在實習期間做過的。那些名校出來的，雖然不是學經濟就是學管理，但是因為沒有什麼實際工作經驗，一遇到實際問題就不行了。相反，他因有這樣一點經歷而顯得突出。上級本來也很看不起他的，覺得他只是個混日子的，因為這一次的表現，開始對他另眼相看了。就這樣，他從一個一開始都沒人注意的人，現在一下變成了炙手可熱的人。

所以，學歷、背景什麼的，真的並不能決定你的一生。它們再差也不代表你沒有希望了。關鍵是要積極努力，踏實肯幹，尤其要好好學習，多累積經驗，這樣你才能夠克服種種困難，取得成功；在遇到機遇時才能夠抓住它，如果平時就不努力，那麼機遇來了你也不行。

又比如這樣一個案例，某位公司的普通職員，上的是一般學校，上學時也是整天混日子的，整天不是上網打遊戲，就是整天撩妹，浪費了很多時間，卻什麼都沒學到。畢業工作了，一看，傻眼了。別人都是工作能力很強，早早就融入社會了，做什麼事情都能拿得起放得下，只有自己什麼都弄不清楚，連一個簡單的報表都做不好，換了好幾家公司都不行。不過，有了這樣的經歷，他不像以前那麼混了，而是留了一個心眼，每次離職的時候，不管自己做什麼，用過的資料都好好留著，回來好好消化。這樣，雖然失敗過很多次，但實際上也學到了很多東西。一連換了好幾份工作，最後報著試試看的態度給一家投資銀行寄了履歷，沒想到經過面試，還真被錄取了。雖然有很多偶然和運氣成分，但畢竟也有他自己的功勞。不過剛一進去，還是很多問題，什麼IPO，什麼風險管理，以前只是聽說過，一點實際經驗都沒有，現在卻要自己真去做了。沒辦法，只能硬著頭皮上。雖然學歷不行，懂的又少，但是他這回學精了，沒事就觀察別人怎麼做的，向別人多請教，多看資料，偷偷的學，這樣過了一段時間，硬是把這大堆複雜的業務流程搞清楚了。就這樣，在公司裡站穩了腳跟。一個原來看上去怎麼都不起眼的人，現在成了一個白領精英。想想，多難的事情啊。

人最怕瞧不起自己，如果你不把自己放在眼中，別人又怎麼可能用你。所以，一定要對自己有信心，要相信自己。想想名校能有幾所？還有很多人沒上過大學呢。所以，別管你學歷有多低，背景有多差，也不要認為自己就沒前途了，關鍵是要努力，要堅持下去，這樣你才能夠成功。

有人把剛入職場的人分為兩類。

第一類是大學專業好，有人照應，剛步入社會，就能夠找到自己心儀的工作職位。這樣的人，往往信心十足，滿懷希望，工作熱情高，表現欲強。在這種心態的推動下，他們往往能夠發揮出很高的水平，取得成功，但是實際上這樣的人在眾多求職者中只占很少一部分。

第二類就是各方面都不太順利，大學成績一般，專業又不怎麼樣，畢業了沒人管，全得靠自己，好不容易找到工作，還是自己不喜歡的，工作內容不熟悉不說，很多內容還得從頭學起，這樣的人佔到了求職者中的絕大多數。如果你也是這樣，就更要努力了。因為不努力，得到的就更少。要有一個好的心態，積極學習。能力差，可以補上；背景差，也可以透過努力改變。工作技能、企業知識，都是透過不斷的學習來改變的。

有了這樣的知識累積，你再有什麼其他的想法不都能實現了嗎？在這裡我要提醒你，不管你面對怎樣的情況，一定要堅持努力，這樣你才能夠成功。

05即使對工作再不滿意，也別滿腹牢騷

經常有人對我說：我最希望的就是一入職就坐到那種高大寬敞的 CBD 辦公室裡，樓外是寬闊的廣場，樓裡是穿梭如云的白領，喝著茶水，聽著音樂上著網。辦公環境完全是 Google 式的，甚至可以穿著溜冰鞋上班。工作完全是開放式的，由自己自由量度，跟在家 SOHO 差不多。一邊看新聞，一邊在 LINE 上與別人聊天，還可以與同事談笑風生。每到周末，公司還舉辦各種活動、舞會，有各種美食讓你品嘗，有很多女孩子與你跳舞。

這當然是一種不錯的生活，如果真有這樣的機會誰都不願意放棄，但是如果沒有，也不要覺得前途就是一片渺茫。

某位知名大學的畢業生，上學期間刻苦努力，學習成績優異，但是不幸的是，畢業的時候，他所處的行業競爭太激烈，雖然幾經努力，也沒找到自己心儀的公司，只能夠到一家小公司去打工。公司規模小，沒幾個人，都是老闆一個人說了算，每天累得要死要活的不說，還經常被

老闆抓去當差，做各種意想不到的工作，這讓他很難過，覺得生活完全沒有希望了，於是跟家人打電話說：「我不行了，我完全沉淪了。」但是也並不是所有的人都是這樣，另外一個同事，情況和他也差不多，找不到理想的好工作，不過，他沒完全放棄，也是經過一段時間的消沉，他變得實幹了一點。在老闆看來，這兩個人中，前者整天鬆鬆散散的，讓他做什麼都不放心，後者較好一點。於是，老闆把一個大單交給後者去做。他還真做成了，並因此事認識了不少大公司的客戶。其中有一個客戶相中了他，找了個機會把他調走。這樣，他就跑到大公司工作了。可以說，就是因為處在困難的環境也沒放棄，他才有了今天。

很多人都希望一畢業就找到理想的工作，比如進入大公司、國營事業、外商、政府機關什麼的。這樣的單位、企業，機構全面，管理先進，薪資待遇好，在裡面能夠學到很多東西，當然是每一個人都嚮往的。不過，這樣的機會畢竟是少的，如果你沒有得到，也不要就此覺得以後沒前途了。其實生活中的機會很多，即使是小公司，雖然規模小，各方面條件都不完善，但其實也是有很多機會鍛煉的。而且，在小公司裡，因為用人的需要，往往對你會更重視，也給了你更多的展示自己的機會。

經常聽到這樣的故事，有很多人，從小公司起家，做大做強的。這樣的例子太多，華為的老闆任正非，阿裡巴巴的馬雲，一開始都是毫不起眼的，但是因為自己的堅持，從沒放棄，不僅贏得了自己，也贏得了別人，取得了成功。

有個年輕人，因為所學非所用，畢業以後找不到理想的工作，他只能跑到一家很差的公司找了一份兼職程式設計師的工作。不過，在從事程式技術開發的同時，他並沒有忘記自己的理想，而是時刻保持著對電腦行業動態的了解。就在此後不久，有一次，公司附近一家商場的經理找到他求助。原來，這家公司的銷售管理軟體中經常有銷售記錄被莫名其妙地篡改的情況發生，多次請電腦工程師調查都沒有找到原因，這在相當程度上影響公司的管理和運營。他知道這個情況後，馬上意識到很可能有人入侵了電腦，於是他立刻進駐了這家公司，兩個月之後，他找到了問題所在，不過那並不是一次「入侵」行動，而是軟體開發人員在開發程式時不小心留下的漏洞。不過這個年輕人卻從這樣的小事中發現了一個商機。他意識到將來電腦安全將會是一項很重要的產業，可能會有許多的客戶需要這方面的服務。他果斷地決定開發一款能夠用於個人電腦上的安全軟體。就這樣，從測試，到開發，到推廣，用了三年的時間，他開發出一款安全能力出眾、穩定性極高的電腦安全軟體。這就是我們後來所熟悉的大名鼎鼎的殺毒軟體諾頓。

所以，不要抱怨你的工作。有很多人沒有找到自己心儀的工作，但是透過自己的努力，也改變了自己的生活。大公司雖然各方面條件好一點，氛圍好，輕鬆一點，但是實際上問題也挺多的，人員關係複雜，論資排輩，歷史問題多，新人到了裡面往往很難有機會發展，有一種懷才不遇的感覺，反倒是到了一些中小企業，你會有更多的機會。所以，無論到了哪裡都不要放棄，認真觀察，好好學習，積極努力，你的理想最終還是會實現的。

06 多與別人相處，才能找到機遇

不要因為自己是新手，就害怕與別人交往，或者因為自己太膽怯，一與別人相處就臉紅。其實，越是新手，就越要與別人相處，因為只有這樣，你才能夠很好地融入工作，才能夠與別人打成一片，找到你的機會。相反，越是逃避，問題就越多。

還記得我剛工作不久的時候，有一次我們幫一家大型公司做業務諮詢，因為是新來的，沒有什麼經驗，所以同事們誰都不願意跟我一個組，怕我是一個累贅，不能幫他們做什麼，還會添不少麻煩。不過，還好，有一個人還不錯，覺得我這個人雖然甚麼也不懂，但還挺肯做事的，就把我安排在他們組裡，讓我跟著看。就這樣我跟著他們觀察學習。有時候，他們態度不好，我也不把它往心中去，漸漸地他們對我熟悉了，就願意和我相處，有什麼事都願意告訴我，這樣我的成長就很快。

有一些職場新人害怕和別人相處，覺得和別人打交道太難，還不如自己和自己相處，躲在一邊做好自己的事情不是更好嗎？其實這是不對的。正因為你是新人，不熟悉環境，所以就更要與別人相處，你越是逃避，躲著別人，你就越是看不到別人眼中的你。你和別人相處越好，你就會越能夠發現自己的問題，這樣你的能力就會增長很快，成功的機會也更多。

有這樣一個真實的案例。甲某和乙某兩個人同在一家大型國營事業工作，他們的上司是一個性格比較急躁的人，不太好相處，經常對著大家發脾氣，大家都很怕他，不敢接近他。甲某覺得，這個人太難相處，還是遠遠躲開他為妙，盡量不要與他有什麼關係。但是乙某不一樣，他覺得老闆這個人雖然脾氣不好，但是心直口快，還是蠻善良的，於是，有什麼事就處處容忍他，多讓著他，看到他發火了也不生氣，還笑著對他。漸漸地，這位上司也感覺到乙某的態度，一下子就明白了，不但不對他發火，還對他挺感激。後來沒多久，這位上司因為工作調動，要到別處工作，並且允許帶一位助手，這樣他當然就推薦了乙某。這次調動是一次很大的調動，這位上司要被派到國外去工作，因此乙某也得以提升，薪資增加了不少不說，還可以到國外工作，想想多好的差事啊。

所以，越是職場新人，就越要多與別人相處，多學習，多看別人，這樣你的機會就會來得很快。如果你總是躲著別人，即使有好事情也輪不到你。

李娜所學的是金融專業，大學畢業後按照專業找工作，順利進入銀行。在外人看來，工作環境好，待遇高，這是一份非常理想的工作。但李娜性格中存在一些問題，平時就不把別人放在眼中，到了工作職位，因為在學校學習的一些知識在工作中所用極少，好多的知識還是要重新學習，一時適應不了，心情不好，與別人相處得就更差了。結果在公司裡面很不受歡迎，在新一輪的升遷競聘中，很多與她一起去的人被公司的重要部門相中，實現了人人嚮往的內部跳槽，而她自己，卻因為得罪的人太多，樹敵太多，結果什麼都沒得到。

所以，一定要改變你以往的想法。職場更是一個人際關係博弈的場所，你越是精明，越是容易與別人相處，往往能夠得到的就越多。越是什麼都不在乎，別人就越不在意你。作為新人就更要學會努力去改變你的生存環境，讓每一個人都認識你，了解你，透過這樣的努力提升你的能力，找到發展自我的機會，你才能夠成為一個職場中的真正的成功者。

07 新手別那麼在意別人的「臉色」

一提到看別人的臉色，可能就有人不高興了。

「哦，看別人臉色？那可不行，我可從不知道怎麼看別人的臉色。」

其實，說要學會看別人臉色，並不是說要你什麼都順著別人，什麼事情都逢迎別人。而是說，要學會看到別人的心情感受，根據別人當時的想法再去做事，這樣就會主動許多。如果能夠看到這些，你再做事就會更有把握、更合理，對職場的把握能力也就更強了。

有一個笑話，說有一位職場新人，剛到公司就給分配做了經理助理。按理說是很好的職位了。有一天他和經理一起去開會，會上經理聽了報告，覺得很重要，要寫個會議紀要，但那一天他沒帶筆。他就問旁邊的助理：「小李，你帶筆了嗎？」

助理一聽，很高興，覺得上司終於用上自己了，於是說：「帶了。」

然後，幾雙眼睛看著他，接下來的十秒鐘內，他也看著那幾個人。

最後，還是經理說話打破了這個僵局，他補充了一句：「那請把你的筆借我用一下吧。」

當然，在生活中不可能會有這麼誇張的人。但是確實有不少新人，剛工作的時候，太笨，很茫然，別人說什麼，做什麼，看不懂，也不知道，這是不應該的。

有一位年輕人，剛到公司不久就鬧了笑話。因為看不懂別人的「臉色」，吃了大虧。

原來他所在的公司裡有兩位主管，一位大主管，一位小主管。他是歸這位大主管直接管的，但因為工作的關係，總要與那位小主管打交道。當然，他是直接向大主管負責的。這本來是常見的工作方式，在很多公司都是這樣，也沒有什麼不對的。但是在這家公司不同，小主管與大主管關係不好，一直明爭暗鬥的。這位年輕人，也許是因為剛來的緣故吧，對此一概不懂。大主管要他做事，他都去做了；小主管要他做事，他也去做了。他每次做完了都挺高興，還要跟大主管報告一下，又幫小主管做了什麼。你想，這能讓人高興嗎？大主管幾次暗示他之後，他也沒明白，大主管一不高興，不要他了，把他打發到別的部門去了。你想，這是多麼的得不償失啊！

所以，不管在什麼樣的環境中，看懂別人的臉色是很重要的。職場不同於一般的場合，在生活中的其他他方，說錯點話，做錯點事，相互包涵一下就過去了。職場中的事情很複雜，各種人情、利益衝突不斷，你要是不懂這些，說不上什麼時候就被捲進去了。看懂別人的臉色，實際上就是要你看懂這些人情世故，避免捲入不必要的紛爭，同時找到對自己最有利的與別人交往的方式，這時你再做事，就方便多了。

我們常常看到有些人「不懂事」、把好事搞成壞事，也大都是因為如此。某位年青的朋友，剛到公司不久就出了一個不小的問題。有一天主管找他談話，熱心地詢問他最近的工作情況。其實主管只是例行公事，按照工作常規問候一下。這位朋友很傻，一聽說主管要跟自己談話，覺得這下自己受重視了。一高興，就什麼都說了，公司內、公司外，上級、下級，同事，他知道的，無一漏下，全都如實報告。結果呢，越說主管臉色越難看，幾次咳嗽，示意他不要說了，他還不明白。其實，他說的事情，很多都是不該說的，尤其是在他的位置上是不該說出口的。他說出來，只會讓主管覺得他太不懂事，不該自己管的也管，這樣主管就很為難。以後不知道怎麼再和他相處了。就這樣，一個很好的年輕人，因為這件小事，在主管心目中的位置和公司中的地位一下失去很多。

職場和生活完全是兩個概念。生活中，可以隨便一些，不用那麼緊張，但是職場就不行。因為人與人之間的關係都是非常微妙的，每一件事情在你看來沒什麼，但是在別人眼中就很重要，你說錯一句話，就可能讓他們很被動。所以，一定要小心，要學會觀察人，觀察事，看準了再說話。職場中的事情，往往是牽一發而動全身。如果因為你的大意而貽誤終生，豈不是不划算了？

08 初入職場要注意什麼

新手初入職場，一定要注意以下幾個方面的問題。

少說多做

新手嘛，資歷淺，沒經驗，再往深裡說，很多東西你也不懂，不如少說，說多了只會給自己找麻煩。

有一位年輕人，剛工作不久，就和同事鬧僵了，事情是怎麼發生的呢。原來，這位年輕人工作很勤勞，很刻苦，對業務很精通。但就是有時候有點控制不住自己。在公司裡主管很信任他，讓他一個人承擔了一個專案，他覺得這個專案很有用，就很鑽研，結果對專案的掌握也更深了。有一天，主管心血來潮，就找來他和其他同事，問：「我們工作了這麼久，獲得了這麼好的成績，我也很高興，我也想讓工作再上一層樓，請大家提一下合理的建議吧？」其實主管也只是一時高興，習慣性地表達一下自己的觀點而已。但這位年輕人一聽主管要大家表達意見了，覺得終於可以讓別人認識自己了，一高興就把自己的想法全說出來了。他提了很多關於工作的意見，這些意見也不能說沒有道理，但畢竟是新來的，哪能了解那麼多呢？有很多都說得不到位。而且，更嚴重的是，他對別人的工作還提了意見，你說這不是多餘嗎？管天管地，管別人的事做什麼？這下子可讓同事不高興了，同事覺得自己以前的工作做得好著很呢，怎麼現在到他這，有這麼多問題？就這樣使自己成了同事的眼中釘。

有一點必須告訴你，有些主管就是喜歡讓年輕人做事說話，因為他們知道年輕人敢說話，讓他們說，能夠把公司內部的問題衝突暴露出來。如果你順著主管的意思去做了，主管的目的也就達到了。可是你呢？卻完了，因為你的一席話可能會得罪很多人。所以說話的時候一定要小心，尤其是對那些與你一時無關的事情，千萬不要隨便亂說。如果非說不可的話，就揀一些自己分內的事情或者無傷大雅的事情說幾句，這樣才是明智的。千萬不要在主管一說「請我們新來的高材生說幾句」後，你就高興得腦袋發熱，而胡說一通，那樣只能害了自己。

說話做事要處處留意小心

不要隨意抱怨，因為這樣很可能給你帶來不必要的問題和麻煩。

有些人，說話不注意，覺得自己是知名大學的高材生，曾經是叱咤風雲的，一到公司裡，總得有施展自己的地方，結果去了之後發現事情不如意，就整天抱怨，被人知道了就成了自己的把柄，讓自己很被動。

有一位朋友，剛到公司沒多久，因為工作比較累，有時會發幾句牢騷。其實說說也就算了，畢竟這也是現實，只能接受。可是有一次，他實在忍不住了，在公司內部網上發了幾條短文，大意就是說「吃的比雞還少，幹的比牛還多」之類。他覺得這樣挺痛快的，但是別人看到就不一樣了。就因為這幾句話，讓主管看到了，把他找過去，要他在全體員工面前作檢討。他哪能受得了這樣，只好辭職，好不容易到的一份工作就這樣白白地丟了，想想多不值啊。

對於職場新人來說，不管你曾經有多大的能耐，從走出校門的那一刻開始，一切都要從零開始，要本著謙虛務實的態度，少說多做，這樣才行。而且新人往往也是別人特別注意的對象，大家在想：「看，這是新來的，看上去還行……」然後就處處挑你的毛病。人都是這樣看別人的，你只有低調一點，謹慎一點，才能夠不讓別人抓住你的把柄。如果表現得太多，很可能會對你產生不利的影響。

不要太過於表現自己

有很多朋友，年輕氣盛，覺得自己各方面都很優秀，比別人強，應該多出一些風頭，讓別人在乎自己，重視自己。結果呢，常常是「出師未捷身先死」。

也是一位剛工作沒多久的新人，來到公司才兩三個月就待不下去了。為什麼呢？原因就是他太愛出風頭了，什麼事都搶著說，搶著做，常常帶來一種要讓別人無地自容的感覺。公司裡面有一位主管，性格挺沉悶的，平時做事很低調，不聲張。他一到公司裡，偏偏整天和這位主管在一起，整天不是挑主管的毛病，就是說主管管理能力不強，這樣來了沒多久就把一個很好的主管給得罪了。

新手一定不能太過於表現自己，沉穩一點、低調一點是肯定沒錯的。因為你是新人，表現得太多，影響了別人，會很麻煩。而且工作中總有很多競爭，你表現得太突出，同事也可能對你有想法。這樣你再想開展工作就很難，因為誰都不願意與你合作。想想那時你會怎樣？

不要羨慕那些看上去很厲害的人

有些人生來就是有背景的，我們最好不要與他們比。因為他們有他們的生活方式，而我們有我們自己的生活道路。

有一位年輕人，工作沒多久，就把公司的一個重要的人物給得罪了。那個人是公司總經理的好朋友，別人都得不到的位置，他輕鬆就搞定了，而且不用做什麼事，錢還拿得挺多。這位年輕人並不知道這些，他只是覺得這個人整天幾乎什麼都不做，每天只是上網、打牌，再就是打電話聊天，薪資還挺高，特別不服氣，還去找公司主管理論，結果主管不但沒有表揚他，反而第二天就把他調到外地去了。這怨誰呢？其實誰也不要怨，最好的辦法就是我們和自己比，好好努力，這樣你才能夠提升，才能夠有將來。不要總去看別人怎麼樣或者看那些比你有背景的人，而要比你自己的能力，這樣你才能夠有發展、有前途。

總而言之，剛入職場，就是一個字——「慎」，即凡事要小心，處處留意，每一件事情都要三思而後行，少說一點，多做一點，多觀察，然後再行動。尤其注意不要輕易得罪別人，因為職場環境毀掉容易，想再建起來可就難了。這樣你才能夠成功地化解職場中潛在的種種危險，躲過重重危機，成為一個職場中的真正的成功者。

09幾種典型的職場問題

有幾種職場類型非注意不可，如果你不小心屬於其中的類型，那你就一定要注意改變。

職場木頭型

職場木頭型就是說那種大腦少一根筋，不論幹什麼都一條路走到黑，對什麼都不開竅的那種。具體地說，就是只認自己那一點原則，性格倔強固執，不知道變通。除了自己眼前那點事，什麼都不懂，什麼都不通，俗話就是「倔驢」一個，讓人看到不知道該說什麼的那種人。

我曾遇到過這樣一位年輕人，工作很久了，薪資待遇什麼的還是沒有變化，工作內容也還是剛來時的那些。可是和他一起來的人呢？不是當上部門經理，就是調到業務部門工作了，薪資也比他高一大截。只有他，還在那死撐著。他還覺得挺奇怪：「我做的也不比別人少，每天加班，怎麼就一點變化都沒啊。」

要說他的問題，其實很簡單，就是死腦筋，一條路走到黑。別人說什麼都不往心中去，什麼事只要他決定了，別人誰都無法改變。即使是上頭主管出面，也沒辦法把他說服。不僅如此，對主管心情、同事喜好什麼的一概不放在心上，有什麼事總是和主管對著幹，還認為自己這是有原則、有立場。有好幾次和主管吵翻了，還覺得自己挺厲害的。因為這個，大家都很怕他，有什麼話也不敢和他說。他這種情況，能夠留在那裡工作就不錯了，就不要說什麼升職加薪了。

其實，讓你不做「職場木頭人」，也不是要你馬上就學會什麼事都去逢迎別人，拍別人馬屁，畢竟職場之中拍馬屁也是讓人瞧不起的。而是說，凡事都要講個度，要知道別人的感受，也要讓別人感覺不錯才好，這樣你才能夠有機會，不要總是讓別人下不來台，這樣你才有自己的發展空間。不然，很可能就因為你的性格把自己的將來發展道路給堵死了。

自我感覺良好型

很多從事廣告、銷售和經營管理工作的人都會有這個問題。因為工作性質本身比較注重個人表現，所以性格中個性的成分比較多，做事不知道控制自己，不懂得收斂，結果得罪了人自己還不知道。

我記得幾年前有一個同事就屬於這種類型的。因為工作能力強，有進取心，工作不久，就對現狀不滿意了，反覆向主管提出升職加薪。本來公司也覺得他的表現確實不錯，但是公司一時沒有晉升的名額。而且，公司有很多老員工，薪資都沒動，不可能不顧及他們。但我這位同事沒有考慮到這種情況，一聽到上司的拒絕，很不高興，開始還只是怠工，後來乾脆就和主管大吵大鬧，最後乾脆離開了公司。其實，他去的新公司，薪資待遇還不如原來的公司，發展前景也不看好。如果他不那麼著急，再忍忍，在原來的公司再待幾年，也許薪資待遇就提上去了，興許還會有別的機會。

所以，在很多時候不要把一時的小事情看得太重，更不要因為自己一時表現突出，就不知道控制自己。越是急於證明自己，讓別人承認自己，你就越容易招致別人的反感。要記住一點，工作得再好，也要學會保存自己。在和公司談條件的時候，一定要注意結合你與公司的整體關係在公司全面綜合的基礎上通盤考慮，這樣你才能夠成功。

任勞任怨型

如果說前一種是太能表現自己了，那麼現在這種就是完全沒拿自己當回事。任勞任怨型的特點都是一個「忍」字，根本不知道生活中還應該有自己這回事。這種類型的人，一切以大局為重，總覺得「既然上級叫我做，那我就做吧」，「只要我默默地奉獻，主管總會看在眼中」。所以，不管別人叫他做什麼，他都去做，任勞任怨，從不反悔。但是，也許因為你太能幹了，可以說，吃的是草，擠的是奶，結果反而讓主管覺得你這個人不用付出什麼代價就可以掌控，隨便給點什麼好處就能讓你服服貼貼的。結果，不管大小事情，什麼髒活累活，都往你手上丟，有好處不會想著你。這樣，即使貢獻再多，也沒人會注意你。

工作起來也不能任勞任怨，必要的付出是應該有的，但是應有的回報一定要爭取。該訴苦的時候一定要說，行動果斷一點，態度堅定一點，這樣你才能夠得到自己應該得到的東西。

抱怨型

抱怨型的人，其特點就是牢騷太多，不管做什麼事情都不滿意，總能找出讓自己不高興的地方，總有一肚子的不滿，不管有什麼話都想說出來。跟主管說，跟同事說，跟朋友說，跟外人說，永遠也管不住自己的嘴。結果一傳十，十傳百，慢慢地公司都知道有這樣一個人的存在，誰都不敢理你了。那樣還想有什麼發展幾乎是不可能的了。

要想在職場中取得成功，就要管住自己的嘴，該說的要說，不該說的一定要控制住。千萬不要把什麼事都說上十遍，那樣你有天大的功勞也沒有用了。因為一提到你，大家想到的都是你一肚子不滿時的樣子，誰還能想起你的好處，誰還敢用你？

職場中還有很多類型，比如凡事不沾邊型、小心逃避型、苦大仇深型等，這其中無論是哪一種，都是不對的。正確的辦法：態度堅定，行動果斷，始終以積極的態度面對每一天，始終讓別人看到你陽光健康的一面。讓別人知道你是一個通情達理、容易相處的人，讓每一個人都願意和你相處，願意把心中話告訴你，這樣你才能夠得到更多的機會，成為職場的紅人和生活中的佼佼者。

第二部分

多看少說，儘早掌握你不知道的那些職場中的隱祕生態

01要知道你的職場中生態是怎樣的

有一個故事，說的是一隻兔子和一隻狼，兔子是狼的員工。有一天，兔子覺得工作很辛苦，就對狼說：「什麼時候才能加薪啊，希望能儘快給我加薪。」狼聽了，想了想，指了指旁邊的角落說：「那就是給你的薪資。」兔子不明白是怎麼一回事，跑過去一看，是一口鍋，它不明白是怎麼一回事，就問：「為什麼是一口鍋啊。」唉，真是一隻傻兔子，什麼都不明白。

希望我們的朋友不會這樣傻。雖然生活中的老闆也沒這麼兇，不過要提醒你，職場生態還是一定要注意的。

什麼是職場生態呢？簡單地說，就是你所處的大環境。每一個企業都是一個小社會，對於社會來說，從表面上來看，每一個人都在忙自己的，誰也不關誰的事，好像相安無事一樣，但是實際上裡面的事情可多著呢。誰和誰的關係好，誰和誰不和，誰和誰是一個小團體的，誰和誰之間暗藏著種種危機，等等，很複雜，你要是不懂這其中的問題，結果只能是任人宰割。企業裡也是如此，雖然表面上看來大家都是朝九晚五的，誰也不惹誰的事，但其實絕不是表面看起來這麼簡單，裡面的學問可多著呢。

在職場中混，最忌諱的就是兩眼一黑，什麼都看不到，或者就是只看到自己和周圍那點事，對別人毫無感覺。所謂一葉障目，不見泰山。尤其是很多年輕人，剛入社會，沒經驗，對人際關係、人情世故什麼的一概不懂，也不想著去學，遇到什麼問題都簡單處理，結果被人欺負了還不知道。這都是不應該發生的。

你可能會說：「有這麼誇張？我怎麼不知道？」如果還這樣說，那只能說明你更是對此一無所知。

有這樣一個故事，是說一位剛到公司不久的年輕人。他與公司的部門經理混得很好。部門經理很喜歡他，有事就叫他去做。但是公司的部門經理與另外一位副總關係很壞，兩人一直有衝突，並且形成派系，公司裡都知道這一回事，兩人平時也經常拉幫結伙。部門經理雖然職位低一些，但是他有後台，和總經理的關係很好，有總經理頂著，副總經理拿他也沒辦法。年輕人對此不知道。有一次，他與副總一起出去辦事，讓部門經理看到了，部門經理就說：「你怎麼還跟他呢？跟他就不能跟我了，你不知道你是我的人嗎？」年輕人心想：「為什麼跟他就不能跟你呢？我什麼時候成了你的人了？」被鬧了一個不知所措。從那以後，再也不敢選邊站了。不僅如此，無論是部門經理，還是副總，對他都不如以前那麼熱情了。

公司的生態就是這樣，職場就跟我們所處的社會是一樣的。社會中有公司企業，有老闆，有營業員，有各種各樣的人，企業中也是如此。每個人的想法、態度都不一樣，彼此之間也有著各種或明或暗的感情與衝突關係，即使是再小的公司也是如此。試想一下，如果你不懂這些，不小心惹了那些你傷不起的人，那時該怎麼辦？得罪了別人還不知道，被人整了還蒙在鼓裡，這是最麻煩的。

有一次我幫一家企業做培訓，有一位部門經理找到我，跟我訴苦，說公司的人際關係太複雜了，副總與總經理關係不和，兩人經常意見不一致，然後就拿他出氣。總經理是外派的，雖然有實權，但是不太懂業務，比較軟弱，什麼事情都做不了主，還得徵求別人意見；副總是本地的，有背景，也有一定的權力，把誰也不放在眼中，對於外來的總經理，更是經常與他爭吵。結果兩人經常鬧糾紛，把員工們弄得不知道怎麼辦。副總提出一個方案，總經理否定了；總經理提出一個方案，副總又否定了。但是總得有一個最後的方案啊，讓他這個執行者夾在中間特別難。其實，方案本身的差異沒那麼大，都是他們自己在相互治氣，還把別人弄得不知道怎麼辦才好。

對於公司中的這種複雜環境你一定要多注意。這並不只是在小說或者電影中才能夠看到的。在電影中，財務長與總經理不合，董事會派人調解就好了，公司中可沒這麼簡單。相反，小說和電視劇往往寫得比較明確，在真實生活中反而很難看出來。誰和你是真正好的，誰能在關鍵的時候幫助你，誰是值得信任的，誰又應該多加小心一些，這些都需要你平時多加留意，避免惹上麻煩。

與每一個人都友好相處，讓每一個人都喜歡你，但同時又要注意在與每一個人交往時，要根據他們的位分保持不同的分寸，這樣才是對你有利的，也是你應該真正掌握的。這樣你才能夠掌握職場中的生態，在職場中找到屬於自己的有利的位置。

02有哪些人是你非注意不可的

新人一入職，有幾種人是你非注意不可的。他們可能會對你的發展有很關鍵的影響。

能夠在關鍵時刻影響你的重要主管人物

主管分很多種，有的是你的直接主管，有的是你的間接主管。直接主管非常重要，這個誰都明白，因為你的薪資、績效、工作分配、日常評估都是由他負責，如果與他的關係不好，結果可想而知。間接主管也很重要，雖然他們不直接與你有關係，但是說不定在什麼時候就可能會用上。我就有這樣一個案例。有一位年輕人，剛工作不久，與公司裡的的直接主管一直關係不好，兩個人性格不和，怎麼都處不來，他也不是不努力，但就是意見沒法統一。有一天，突然有一個人給他打電話，是隔壁部門的負責人，那個人聽說了他的情況，又很喜歡他，就對他說：「要不你到我的部門來吧。」這樣，他的環境一下就改變了，其實這都是因為他平時比較勤懇，待人比較積極的緣故。

公司中總有一些人是比較有前途的，尤其是在主管層，這時能夠與他們相處好就很重要。有人說：「跟對一個主管，省下三年功。」這句話是很有道理的。有的人能干，見識廣，知人善用，處事公平，如果能和他們在一起，你可能這一輩子都有一個好幫手，好的引路人。有的人只是想著混混日子，根本不把員工當回事，對工作、事業也是能推就推，對於這樣的人，你投入再多也是沒有用的。一入公司，就要發現那些真正能夠影響你的人，多與他們相處，讓他們認識你，了解你，賞識你，多提攜幫助你，這樣你才能夠融入工作環境，早日成功。

你的一些關鍵的同事

一般來說，職場同事之間的相處，大都是比較平淡的。大家都是朝九晚五，各干各的工作，下班了以後各走各的路，好像沒有那麼多關係。但其實不盡然，因為同事之間也可能存在很多問題。畢竟在同一個公司裡，相互間的競爭、衝突還是有的，當然有的時候也會是合作關係。對待同事，要正確地加以區分，有的人可能與你是競爭關係，就不要靠得太近；有的人可能與你是夥伴關係，就要多給予回報。有的人可能喜歡你，你也要同樣予以關心；有的人可能不喜歡你，你就要稍微閃遠一些。

但一般來說，同事之間不要走得太近，因為有平時再好的同事，也可能因薪資、獎金而鬧得很不愉快，所以還是平時離遠一點好。不過該說的話，該做的事還是要有的，尤其是工作上的往來，生活中的禮儀，都不能少，不然顯得你太不懂禮貌了。如果他們都不喜歡你，你的人際關係沒有了，主管再重視你，你也沒有辦法。

你的重要合作夥伴

有的人工作方式比較自由，覺得自己不受誰管，往往對人際關係不太在乎。其實不然，雖然你的工作方式比較自由，與人的交往不那麼多，但是也要注意生態環境。記住一句話：「不怕一萬，就怕萬一。」誰能知道你的職業環境將來會不會發生變化呢？誰知道公司將來會不會發生變化呢？一旦發生了變化，你平時又沒注意，以前那些不喜歡你的人就可能給你找麻煩，你現在再想改變也很難了？所以，凡是與你有關係的人都要注意，因為說不上什麼時候他們就可能影響你。

總而言之，記住一點，職場中的事情千變萬化，尤其是人際關係。人們常說「三個女人一台戲」，職場中三個男人也能搞出許多是非來。只有在平時多注意，才能夠在關鍵的時候用得上，如果平時不注意，不夠小心，關鍵的時候出了問題，就會措手不及，怎麼著急都沒用。

03有哪些人是你必須謹慎對待的

職場中有些人是誰都得罪不起的，你一定要注意。

有後台、有背景的人

有的人就是有後台、有背景，工作少，待遇高。幾乎在哪個單位都有這樣的情況，但是你看著千萬別眼紅。不要與他們比，好好自己努力。你再與他們爭也沒有用，因為公平不在你這邊，再怎麼想辦法也是沒用的，還不如做好自己的工作，找準機會，自己想辦法去發展自己這才是正確的選擇。

比如這樣一位朋友，和另外一個人同時來到公司，但是他很快就發現晚上加班、平時出差什麼的全都是自己，那一個人雖然是在同一個組的，卻幾乎什麼都不會，僅有的一點工作做不完還要找他。久而久之，他也很厭煩。後來一問才知這個人是公司某位高層的孩子。這還能有的比嗎？

所以，不要與這些人比。他們有的你確實沒有，你只能努力去創造一些你有而他們沒有的東西，這就是你的能力、你的機遇、你將來的發展機會等。如果你整天和這樣的人耗著，浪費自己精力不說，還達不到什麼效果。

表面上看上去大大喇喇的、很風光的人

你有時候可能會覺得：「這樣的人，看上去很風光，又不那麼計較，稍微得罪一點沒什麼吧？」如果這麼想，那你可就錯了。人都是有點想法的，越是這樣的人，往往心事越重，你可能還覺得他們大大喇喇、什麼都不在乎。但是內心中想的可能比誰都多，甚至還可能對你懷恨在心。有一位朋友就是這樣，平時特別小心，對誰都不說話，覺得這下子不會得罪誰了吧。後來公司裡調來一個新同事，看上去什麼都不在乎的樣子，很好相處。這位朋友在公司裡也挺孤獨的，看到好不容易來了一個性格好的，就想和他多接近。這樣，沒事的時候就往他身邊靠，也算是好朋友吧，兩個人很快就無話不談了。結果呢，因為熟悉了，覺得可以無話不說了，有的時候說話就不注意。結果，還是把這位同事給得罪了，說到底就是拿他開了幾句玩笑。

如果說大大喇喇的不能得罪，那麼小心翼翼的就更不能得罪了。為什麼呢？因為小心翼翼的人，本來心思就比較多，敏感，愛多想，什麼事都比別人想的多一些，你的態度、說話方式稍微有點不對，就可能把他們得罪了。很早以前有一次我和同事們一起出去吃飯，吃飯的時候要點菜吧，我點了一道肥羊火鍋，說：「你看，我們都這麼瘦，還吃肥羊，長一下肥肉吧。」其實呢，我只是開一個玩笑，可是沒想到就把其中一個女孩子給得罪了，這個女孩子就是比較瘦，有點弱不禁風的樣子，本來覺得自己這樣很好的，經我這麼一說，她就想：「是不是笑我太瘦了啊，我還覺得這樣挺好的。」女孩子就是這樣特別小心，容易對別人的話胡思亂想。你稍微不小心，就讓她們生氣了。與其讓她們不高興，還不如提早不招惹這個麻煩，是不是？當然，女孩子還好，比較好哄，要是得罪了男的，那就不好相處了。

那種與別人積怨比較深的人

有些朋友，在公司中不注意，與別人相處得不好，處處樹敵，把別人弄得不高興不說，自己也不高興。這樣的人，怨氣特別多，你更不能得罪。要我說，最好還要躲開一點。為什麼呢？因為他們怨氣很重，你一不小心，就把自己也給染上。他們可能會整天纏著你，朝你發火。對於他們這種態度，你接也不是，不接也不是，因為誰都知道他們是一個火藥桶，惹上了就是麻煩。所以，這樣的人還是少惹為妙。

至於主管家屬、公司高層關係人、公司重點人物等的，就更不能得罪了。因為無論碰到哪一個，都牽涉到不知哪裡冒出來的人物，有一堆隨之而來的問題等著你去解決。所以，處處謹慎，凡事小心，千萬別輕易惹麻煩，尤其不要得罪那些不該得罪的人，這樣你才能夠為自己擺脫那些沒有意義的糾紛，建立正確的職場環境，幫助你儘快發展。

04 突出才華，但要掩蓋你的夢想

年輕人，有才華，有夢想，想成功，想出名，這是可以理解的事情。但是，有這樣的想法和怎樣實現它完全是兩回事。年輕人，要敢於行動，但是絕不等於衝動莽撞，盲目行事。

經常看到這樣的人，有才華，有能力，做事果斷，敢於行動，很快就成為公司中的重要人物。有了這樣的想法，與別人相處的時候，就不注意了，說話的態度不夠尊重他人，把別人不放在眼中，只覺得自己高興就行，不考慮別人的感受，這樣下去，同事主管對你也不敢信任了，把自己弄在一種孤立的狀態。畢竟你還沒有升上高位，沒有什麼實際的權力，說到底還是一個高級打工仔而已。不學會掩飾自己，做事情太隨意，最終吃虧的只能是自己。正確的做法是要學會隱忍，不要太自滿，要讓別人覺得你是一個有內涵的人，這樣別人才能夠委以你更多重任。

一個初出茅廬的大學生，因為自己有名校背景，無論走到哪，都有人誇獎。公司主管介紹他的時候，都說：「看，這是我們新來的某某學校的大學生，各方面都很優秀。」當然，他的能力也是很出眾的，別人做不好的事情，到了他手上，三下兩下就能出結果，因此公司主管也樂於把工作交給他。但是，也許是因為太出色了，不太注意控制自己，不久之後就吃了一個暗虧。公司裡的專案都是分配到個人的，每一個專案都是由一個專門的人員負責，他是新來的，有些問題不懂，就去問別人。結果去問那人了，那人卻說：「這不是某某大學新來的高材生嗎？還問我，我還得問你呢。」就這樣，被狠狠地「誇」了一頓，卻什麼實際好處也沒得著。這樣的事越想越火大。你想，他工作努力，表現好，也不是他的錯啊。但是事實就是這樣，如果你不在意這些，平時不注意控制自己，就很可能得到這樣的結果。

一位在一家投資公司工作的高管，曾經這樣慨嘆：「人呀，真得學著一點，千萬不能太得意了。不然，你在哪摔倒的都不知道。」

到底是怎麼一回事？

原來，他以前也曾經是一個個性很張揚的人，因為覺得自己聰明能幹，就能把什麼問題都解決了，因此也就沒把別人放在眼中。當然，他的工作也是沒話說，總是做得很出色，雖然公司裡有些人不喜歡他，但是也拿他沒辦法。不過，職場中畢竟不是平靜的小河，不知什麼時候就會起風浪。果然沒過多久，他就出問題了。有一筆投資業務，是他經手的，但是因為他的不小心，帳目上少了一定數量的現金。數目並不是很大，但是足以驚動公司高層。他本來覺得以自己以前的工作表現，公司主管會幫他把這件事平息下去。但就是因為他以前工作個性太強了，很多人不喜歡他，這下子抓到了他的把柄，就有不少人排擠他，還要他承擔種種責任。你想，他一個剛工作的人，哪能承受得了這些呢？不過，還好，事情還是有了轉機，因為他以往工作一貫努力，所以公司的高層有人正義支持了他，這樣，他在公司的地位才得以保住。從那以後，他就學乖了。再也不像以前那樣張揚，什麼事情都沒遮沒掩的了。也正是因為這一點，他的成長一下子變得很快。因為善於觀察，小心經營，最終成為公司的一名高級管理人員。

所以，有才華，但一定要掩飾你的夢想。一定要把你的能力、潛質、特點什麼的都盡量隱藏起來，不讓別人看到，因為別人一旦看到，就可能產生各種想法，尤其可能會妒忌你。不然，等有一天你成了「出頭之鳥」或者「眾矢之的」，成為大家排擠憎恨的對象，那時你後悔也沒有用了。

雖然年輕人心中那點事誰都知道，只有努力證明自己才能成功。但是無論再有怎樣的目標，都不能讓它們表現得太過分。而是要把它們深深地隱藏在心中，不讓別人發現，這樣你才能夠抓住機會成功。

05新人不能在背後隨便議論別人

有一個笑話，說有一位主管，在公司全體員工大會上，嚴厲地批評說：「最近公司裡有些人唯恐天下不亂，無事生非、捕風捉影、到處說別人壞話，影響我們公司整體形象。比如說我們公司老王和小美關係曖昧；小李上班不好好工作，淨上網聊天啦；小馬又利用工作時間看電影，你看看，這都是些什麼人，這樣做好嗎？」

這只是一個笑話，想來這麼沒水平的主管應該是很少有的，不過確實有些朋友喜歡在背後議論別人，覺得只是一些小事，背後說說，無傷大雅，能有什麼問題。但你要注意，別人這樣說，可能行，但是要你說，那可就不行了。因為每個人都有自己的門道，他們說，也許他們能夠撐得住，但你說，你能夠做到這一點嗎？即使是一點小事，在公司中傳來傳去，說不定什麼時候就變味了，如果找到你的頭上，豈不是很麻煩？在職場中，不要隨便在背後議論別人，因為職場還是一個以工作為主的場所，在背後議論別人是很不禮貌的一件事情。

據說有一次比爾·蓋茲在和員工討論問題的時候，有一位員工說：「唉，我們開發的桌面系統，那個回收站真像一個馬桶。」蓋茲聽了很生氣，心想：「我們辛辛苦苦設計出來的東西，怎麼到你嘴巴說出來就是馬桶呢？」就問：「你怎麼知道的？這是誰說的？」那位員工也挺不好意思，沒想到老闆這麼生氣。但他也只能實話實說：「這句話不是我說的，我是聽某某說的。」蓋茲一狠心，決心追查到底。查了幾個人還真查到了結果，沒想到這句話不是別人說的，正是蓋茲自己說的。據說有一次他對別人說：「我們的回收站，要做得漂亮一點，最好就跟我家那個馬桶一樣。」沒想到就這樣被傳開了。

當然，這也是一個笑話，但是公司中確實有人因為在背後不小心說錯話而吃虧的。經常見到這樣的情況，因為與主管、與同事意見不一致，在背後說了幾句，被別人聽到了，傳了出去，傳到當事人耳中，弄得他們非常生氣，這時你怎樣想辦法也不好解決。

外國公司裡人與人之間的關係是很簡單的，上班的時候大家是同事，下班的時候大家是不相干的朋友，誰也不會打探別人的私事。但是在亞洲不行，公司裡的事情往往比較複雜，很容易把一點小事複雜化，這時說話就更要注意。

據說有一位外國公司的高管，上任了，他的性格很開朗，上班大家好好幹活，下班以後誰也不管誰的，本來這樣相安無事的。但是有一次他下班之後，與一個本地的女孩子一起去K歌，被他的下屬看到了。下屬回來就說：「我們老闆又撩妹了。」結果，這件事情傳到他耳朵裡，他很生氣。他說：「我上班的時候就是上班，下班的時候就是下班，我和別人喝酒，是我自己的私事，我又沒有動用公司的財產，在背後議論我做什麼呢？」因為這件事情，鬧得一個老大的不高興。

中國人都有一個習慣，就是喜歡在背後議論別人，其實這樣做很不好，顯得很沒職業素養。所以，一定不要在背後議論別人，所謂「好事不出門，壞事傳千裡」。職場中有很多祕密通道，如果因為你無意中說的幾句話影響了你在公司中的地位，多不值得啊。

不僅你自己不要議論，還盡量要讓別人也不要議論。有些人確實喜歡在背後議論別人，對於這樣的人，一定要遠離。

更重要的是不要在背後議論那些重要的人物。人們常說：「背後議論主管，前途兇多吉少。」這是有道理的。

如果你實在憋得難受，乾脆去發洩一下吧，做些什麼都行，娛樂活動很多，總比提心吊膽說這些強。少說閒話，遠離是非，這樣才是正確的選擇。

06言多必失，別輕易倒出心中話

有些朋友在職場中覺得自己和別人相處得很好，很投緣，很願意把心中話說出來，覺得這樣很高興。其實這是不對的。因為職場畢竟不是生活，職場中的交往，絕大多數情況下都是點到即止，絕不能深交，就算你把每一個人都當親人，說出掏心話，別人也不一定這樣對你，還可能覺得你很傻，甚至可能會利用你的話題製造什麼事端，這可能是你想不到的。所以還是應該本著「少說為妙」的原則，待人交友點到即止，不要搞得太深了，否則，到那時你想抽身也抽不出來了。

某位朋友剛參加工作沒多久，就跟公司的同事搞得十分親密。可不是嗎？大家每天一塊上班，一塊說笑著把工作做了，中午一起到餐廳吃飯，其樂融融就像一家人。晚上還能一起喝杯小酒，打保齡球什麼的，多有意思啊。他感嘆，誰說工作以後不容易交到朋友，我這不是有很多朋友嘛？但不久之後麻煩就來了，怎麼了呢？原來，他因為與同事關係太密，經常會把對工作的一些抱怨話說出去，比如經常加班，工作太累，報酬太少，別的公司都比這強。說來說去，誰都知道他這些話了，傳到公司老闆耳朵更是不得了，找他專門問個究竟，把他搞得很被動。

同事關係好，有時也是好事。我們來自不同的地方，在一起工作，相互之間處好，有什麼不對？但是要注意一點，職場畢竟不等於生活，因為職場之中有很多利害衝突，絕不只是相互親密就可以忽略那麼簡單。

拒絕親密的理由有以下三點。

容易受傷害

同事就是同事，不是朋友，生活中我們結交朋友，常常有很強的信任感，有什麼事情可以相互體諒，幫助一些。但是同事之間，關係往往是比較簡單的，可能會隨時分開，這種問題你要能夠接受。而且，在工作中每個人都是在為自己的將來發展而努力，所以，相互之間保留一定的迴旋餘地還是比較好的。

容易惹麻煩

就像前面我們說的，公司中人際關係超複雜，如果交往不慎，說不定什麼時候就讓你碰上了。公司環境往往不簡單，誰和誰的關係不好，誰和誰有說不清的關係，你不分好壞，一律同樣對待，最後可能是所有的問題都會集中到你頭上來了，那時你就說不清、搞不明白了。

容易被誤解

公司中很多事都容易產生誤解，因為大家平時的溝通管道不是那麼多，也就是工作之餘，茶餘飯後隨便聊聊，你和別人太近，談天說地，喜笑顏開，很容易讓人以為你就是問題中心，而且別人都在埋頭工作，只有你一會兒跟這個好，一會兒跟那個好，一有麻煩，大家都可能會懷疑是你搞的鬼。所以還是遠離一點為妙。

職場之中更不能隨便說掏心的話。許多人都因為不明白這個道理而犯了錯誤。

有一個女孩子，剛工作不久，生活上可能比較孤獨吧，特別喜歡與公司裡的人聊天，其實她也沒有什麼目的，就是想排解一下自己，平時吃飯，工作之餘，說說自己的心事，按理說也沒什麼不對的。但是呢，聽到她說話的人，就不這麼想了，心想：「為什麼她要說這些事情呢，是不是有什麼心事啊？」因為這個，公司裡的幾個老人就開始背後說她了，說她不正經，見到男人就想勾引。說得繪聲繪影的，讓主管知道了，都不得不說話了，把這個女孩子弄得很難堪，最後只能離職，其實她只是想找個朋友說會話，根本沒想那麼多。

「少說為妙」是職場中的一個基本原則。這可能關係到你一生的發展。

有一位培訓師朋友，沒到幾年就從一個普通員工升為公司的高管了，同事們都感到很驚奇，因為他貌不驚人、能力又不出眾，再怎麼努力，也不應該把他升上去，他是怎麼做到的。有人奇怪，就問他原因，他一開始還不肯說，問了好久，他才說：「有什麼訣竅？其實就是四個字——『少說為妙』。」少說話就能升上公司的高管，世界上還真有這麼好的事情？其實還真就是如此。凡是有一點規模、有點樣子的公司，往往都是積怨已深，表面上風平浪靜，內部衝突不知道積攢多久了。遇到這種情況，誰多說一個字，就可能成為別人的眼中釘。反而是那些不說話或少說話的人，能夠得到多數人的擁護。連主管也覺得這樣的人好，因為沒什麼毛病，不惹大家的麻煩，即使其他方面差點，這一點也可以彌補。所以寧願提拔這樣的人，也不願意提拔那些容易引起事端的人。

生活中我們也會有這種感受：「咦，看上去他也就很平凡，怎麼就能拿到那麼多？獎金、公派出國、升職，什麼好處都讓他得去了。他有什麼啊？論能力沒能力，論才華沒才華，真是讓人感覺不公平。」其實，你還真得注意，越是這樣的人，往往升職就越快，道理與前面是一樣的，因為他說話少，態度和藹，對誰都一樣，這樣就不會捲到公司的人事鬥爭中。結果別人吵來吵去疲憊了，一看，就這樣一個人還挺好的，最後也就只能相互折中，把好處都給他了。

想想這樣的事，是不是很奇怪？但職場就是這樣。就像變魔術一樣，什麼事情都可能發生，只是因為你不懂得其中的奧妙，才像是霧裡看花。如果你能夠早點覺醒，你也早就成功了不是？

07不要忽視基本的職場禮儀

我的一位女性好朋友是做公司教育訓練的。她人長得很漂亮，是你看一眼就能記住的那種。有一天她對我說：「現在的年輕人真沒辦法，一點基本常識都沒有。」公司今年新招收了一些大學生，都是剛走出校門的，作為教育訓練專員的她，要為他們進行「入職教育訓練」。這些新人中有不少90後的，都是在家中父母喜歡的好孩子，在學校裡又是天之驕子，對什麼都不在乎。幾個人第一天見到她，就管她叫大姐。聽別人叫自己姐姐，畢竟讓她感覺年輕了很多，可是總讓人這麼喊，畢竟不是一件好事。於是她明確告訴他們：「在工作中你們要稱呼我本名。」但這個孩子還是聽不進去，動不動就這樣叫。結果，有一天不小心，讓老闆聽見了，老闆很不高興，心想：「怎麼培訓了這麼久，還這麼說話呢。」讓她感覺也很難堪。

所以，不管你以前過的是怎樣的生活，現在不一樣了，到了職場，就要用新的方式來對待自己，不要對誰都沒禮貌，那樣，很可能讓你給人的第一印象就不好。

有一些基本的職場禮儀要提醒你注意，不要在這上面犯錯。

首先就是說話要和藹。

不管面對什麼人，即使不是大人物，也要用溫和的態度來說話，因為人不可貌相，很多事情就是在生活中的小事中談成的。不要因為別人很平常就表現得很傲慢。

平時著裝要整潔，開會的時候別遲到，不要表現得懶懶散散的。平時著裝要整齊，不要穿著汗衫什麼的去上班。與同事朋友見面時要微笑，不要冷冰冰的。

與朋友一起吃飯，不要先點菜，盡量等他們來點。即使你是主人也是如此，這樣會顯得對他們比較尊重。如果一定要你點，也要先徵詢他們的意見。入座的時候要尊重同事和主管的安排，不要隨意入席。如果怕在點菜時顯得太生疏，可以提前研究一下菜單，這樣就會做到很得體、很有分寸。

待人接物，態度謙和，必要的時候站起來說話，接送物品的時候要輕拿輕放。

說話要講分寸，恰到好處，點到即止，不要太直白。工作中不要輕易提別人的問題，把自己的工作做好就行了，如果總想著什麼逆耳忠言，那很可能讓你得罪別人。

如果確實有什麼想法，要委婉地說出來。不要讓人感覺你有氣沖他們去的。別人幫助你了，要知道回報和感謝。當然感謝的時候也要掌握度，不要太過火了，那樣同樣會讓人感覺你很莽撞。

不管做什麼事情一定要主動，不要讓別人覺得你在怠慢他們。主動一點總會沒錯的，生活中的很多小事，費不了多少力氣，可以多做一些，能夠讓別人儘早認識你。

自己拿不準的事要多徵詢別人的意見。即使是面對比你新、比你地位低的人，也不要輕視他們，因為人都是在成長的，說不定哪天他們就發達了。多尊重別人是沒錯的，這會顯得你心胸開闊，是一個容易相處的人。

工作中不要輕易地說「不」，即使心中再不高興也是如此。如果實在不行，旁敲側擊地說說就可以了。如果說太多，很容易讓別人心煩，對你也沒有益處。

如果主管給了你什麼好處，不要隨便說出來。如果管不住自己對同事說、對朋友說，這樣主管就會覺得你不識大體，不懂得保密，不敢再培養你了。

這些生活中的小事雖然看上去不起眼，但是可能影響你在公司中的整體形象，所以一定要注意。

總而言之，就是要處處謹慎，讓每一個看到你的人都覺得你這個人積極向上，願意誇你，這樣你才能夠提高自己的地位，儘早融入生活和工作。有一些小節處理不慎，很可能會讓你長期以來累積的良好基礎被破壞，那就沒有意義了。

08不要隨便向上級打小報告

有些朋友，剛工作不久，各方面表現都挺不錯，也挺受主管賞識的。看到主管重視自己，覺得應該抓住這個機會，跟主管多親近一些，想把自己知道的事情都告訴主管，以為這樣他們一定會高興。

但事情真的是如此嗎？說句實話：其實主管大都不太喜歡別人向自己打小報告。一般他們不會當面表示反感，但是過後很可能會對你產生不信任。

我有一個同事，二十多歲，是公司裡的業務幹部，各方面都很出色，主管一直對他不錯。因為受到了重視，他挺感動的。有一天，他想：「既然主管這麼器重我，我何不多回報他一下呢？」頭腦一熱，有一天趁著和主管出差的工夫，把自己知道的很多事情都告訴主管了，什麼公司內部的問題啊，哪些同事不團結啊，哪些同事相互間鬧脾氣啊。說完了他挺高興的，覺得跟主管反映了很多實情，主管一定會喜歡的。但是事實上呢？

主管聽的時候挺高興的，但是越聽越不對勁，因為他說了很多工作之外的事情，尤其有一些是別人的隱私，臉色也變了，沒等他說完，主管就推托有事出去了。第二天，主管就獨自回公司了，把他扔在外面。他這才意識到自己可能犯了一個大錯。

多數主管都不會拒絕你跟他們打小報告，因為他們也想了解公司的情況。但是，這不等於他們會喜歡你把所有的事都說出來。想想，如果把一碗水端到你面前要你喝，你能不喝一口嗎？其實主管的心情也是如此。一方面他們不能拒絕你的好意，但另一方面他們又覺得這樣做可能會影響公司的內部團結，有些不妥。你說的時候他們可能很認真，但說完之後怎麼處理就是另外一回事了。

實際上我們在跟別人說話的時候，總是摻雜著自己的很多想法，作為主管，他們也明白這一點，所以他們對你的話不可能全信，有時他們甚至寧願不聽。

有些朋友不知道這一點，覺得：「哦，我說完了，這下子我們的關係該好了吧。」但是往往不但沒有達到這個目標，反而效果更差。要記住一點，主管不可能永遠和你是同一個戰線上的，他們最終還會有別的想法。

越是大型的企業，往往就越是排斥這個。因為大公司，往往管理制度比較規範，絕大多數事情都是有章可循的，不可能你說什麼，主管就做什麼。

我有一位朋友，原來一直在一家小公司工作，他和主管的關係一直很好。後來由於種種原因被調到一家大公司工作，他覺得以前跟主管相處得很好，幾乎是無話不談，現在也應該這樣。於是有什麼事還是跟主管說，經常說說公司裡的事情，同事的想法什麼的。主管一開始聽著還很高興，但是久了就越來越不耐煩了，甚至都不願意和他說話了。這讓他很尷尬，他還以為按照以前的做法，這樣也行得通呢。

公司中不能輕易地打小報告，這是職場中必須要注意的事情。這很可能會損壞你的形象，影響你在同事和上級心目中的地位，有的主管還可能因此對你產生反感。

在公司中同事之間難免會有一些糾紛和競爭。如果萬一你和別人的關係沒處好，被人打小報告了，這時該怎麼辦？

這時一定要注意以下幾點。

一定要控制自己的情緒

當你聽到自己被別人打了小報告的時候，可能會心情會很壞，感到委屈、沮喪，甚至有去找他們理論的衝動，但是實際上你的這種做法只會把事情弄得更糟。因為公司中的事情總是以和為貴的，主管也不願意看到員工之間的紛爭，如果你貿然地把事情擴大化，主管也不會喜歡你。而且很多事，是越說越亂，越說越糊塗，還不如先放下來。正確的做法是先讓自己冷靜下來，然後再想辦法解決。你越是表現得不理智，頭腦發熱，事情往往對你更加不利。

冷靜下來想想怎麼應付

小報告出現以後，主管可能會找你談話，這時你一定要冷靜下來，想想怎麼應付，提前想好，把你的情況、理由都想清楚了，不能到了主管那裡，自己還沒想明白，還要對別人解釋，解釋很久也沒說明白。這樣即使你是有道理的，也沒用，因為給了你辯解的機會，你沒抓住，怨誰？

及時改進關係

如果上級由於這個原因對你的態度改變了，不像以前那麼熱情了，這時不要著急。因為小報告所涉及的事情，大都是一些小事，主管不會因為這個就把你全部否定。可以姿態低一點，多向主管解釋一下，平時多跟他親近一些，主管也會慢慢地轉變態度，就會諒解你了，這樣就大事化小，小事化無，這些事情就過去了。

不要隨意報復別人

有的人覺得：「哦，我被人告了一把，這下子可完了，前途盡毀，以後在公司裡還怎麼做人啊？我一定要反擊。」其實，這樣做沒意義。被別人說說也沒什麼，因為生活中，我們哪能管住別人的嘴，不讓別人說話啊。只能夠讓自己謹慎一些，不讓別人說你的機會太多。如果急於報復，反過來再去打擊報復他們，達不到目的不說，反而會讓你更被動。

當然，最重要的還是要在平時管住自己的嘴，有些話不要隨便當別人面說，吃些在明處的小虧無所謂，別吃暗虧就行了。因為有很多人吃了這樣的暗虧，還不知道是怎麼一回事，那多可悲啊！

09 主動出擊，成為主管的貼心人

有人說「跟對主管一分鐘，省下努力十年功」，這句話不無道理。在工作中和主管相處好很重要。不是為了別的，就是為了能夠在平時多提攜你一下，在關鍵的時候幫你一把。許多年輕人都不注意這一點，覺得：「你提攜不提攜我又能怎樣，我不是還活著？」其實不然，在管理者的職位上，他們掌握的資源、機會要遠比你多，對職場中動態的把握也要遠遠超出一般的理解。如果他們願意幫助你，你就可以省去很多彎路，儘早實現人生的飛躍。

有一位在一家大型國營事業做人力資源工作的朋友對我說，他現在是企業的人力資源經理，可以說是大權在握，但是他從前也曾遇到過問題。剛開始工作的時候，他比較迷茫，因為人力資源的工作比較瑣碎，每天基本上就是做些報表、發些薪資，整天陷在這些事情中，讓他感覺很累，找不到出路。但是後來，他遇到了一位副總，這位主管是新來的，對企業的管理能力比較強。他正想對公司做一些改革，可是又沒人支持他。這時，我這位朋友挺身而出，因為他覺得這位副總的想法挺有道理的，就給了他很多幫助。有了他的幫助，那位副總的改革方案實施得很順利，企業的績效大幅度提高了。就這樣，可以說他成了這位副總的貼心人。有了這位副總的幫助，他也挺過壓力，也因成為那位主管的得力助手而提升到了新的位置。

許多年輕人都不注意這一點，覺得職場中這種交往是可有可無的，不必對主管太在乎，這是不對的。企業畢竟是有主管的管理才能夠展開，他們對你的態度在很大程度上影響了你的發展。與主管相處，並不一定說是要你每天都圍在他們身邊，其實他們也挺忙的，也沒有太多時間和別人在一起，你需要做的是在平常的一些小事上多下功夫。

以前我們公司有位女同事叫郝美，性格很弱的那種，看上去很平常，沒有誰會覺得她能有什麼前途。但就是這樣一個很平常的人，每一位主管來了，都挺喜歡她，挺關照她的。大家都覺得奇怪，平時也沒見她怎麼和主管親近啊，甚至連和主管在一起都很少。她是怎麼做到的？其實，她成為紅人的原因很簡單，就是經常故意和主管「接近」一下，說到接近，也沒那麼複雜，就是看到主管來了，故意走過去，打打招呼；餐廳、電梯遇到主管了，和主管笑笑；主管有什麼事了，比如家中有事，她會問候一下。就這樣，主管都覺得她挺懂事的，很容易讓人接近，都很喜歡她。因此她一直佔據著公司裡一個很好的位置，工作輕鬆，獎金還高，讓別人羨慕死了。

不僅如此，等到前幾任主管走了，大家本以為她會就此失寵了。沒想到，新任主管一來，她就被提拔為部門的一個小主管。原因在哪裡？原來，前幾任主管走的時候，都替她說好話，這樣新任主管一來，想提拔一個人，就一下子看中她了。

所以，一定要注意這些，多找機會，讓主管喜歡你，成為主管的貼心人。

有些人，平時比較隨便，見到別人比較怠慢。這樣很容易影響自己在公司中的整體地位，雖然他們可能不是有意的，但是職場就是這樣，你稍微不注意，就可能讓別人不睬你，再也不重視你。

我以前有一個同事，也就二十來歲，人長得好看，又聰明，本來是人見人愛的。但是有一天開會的時候，他去取水，自己倒了一杯，主管就坐在邊上，也沒水了。他想了想，覺得「每個人都該自己倒水」，就沒給主管倒。其實，這只是書生的傻話，給別人倒杯水能怎樣。因為這種態度，主管也不喜歡他了。

在多數情況下職場還是以主管為中心的。無論你再有能力，還是得被主管管，主管決定了你的很多東西。所以與主管弄好關係很重要。

很多公司都是靠這樣提拔人才的，越是和主管關係近，與主管貼心，你得到的實惠就越多，獎金、外派、出國、輕鬆的工作甚至是升職，就都是你的了。越是不把主管當回事，覺得自己一個人就行，根本用不上別人，你的機會就越少，這是你要注意的。

10在羽翼未豐的時候，不能急於求成

許多人都有這樣的感覺，剛入職場，覺得人生的道路剛剛展開，心想「一定要轟轟烈烈大做出一番事業」，不讓自己的人生白白浪費。但是呢，有時候，因為太急於求成了，反而欲速則不達，付出很多卻得不到應有的回報。

尤其是年輕人，更容易犯這個毛病。

有一位在公司工作的高管，對我說：「你說，現在的年輕人，怎麼都這麼著急呢？」我問是怎麼回事，他告訴了我實情。原來，他們公司有一個新來的年輕人，也就二十來歲，剛畢業沒幾年，各方面條件挺好的，正好公司有一件新業務，難度高，別人都拿不下來，他去了，沒幾下就搞定了。因為這個，大家都挺別喜歡他，覺得他很能幹。這位高管也是如此，有什麼事都叫著他，挺器重他的。但是這個年輕人，也許是太性急了，取得了一點成功，就想著一下子得到更多。不久之後，公司就有一個公派出國的機會。這位高管其實很想派他去，但是最終還是沒有這樣決定。因為畢竟公司裡有很多人，他是新來的，雖然有一定貢獻，但論資歷、論背景，比很多老員工還差得很遠。雖然也想提拔他，但是理由不充分，也就只好作罷。沒想到，這個年輕人心中特別火大，心想：「這麼好的事情怎麼就不派我呢？還對我好勒？」還與主管大吵大鬧，把主管搞得也挺火大的，心想：「你怎麼這麼不懂事啊，我對你怎麼樣你還不知道，怎麼就不懂這其中的道理呢？」兩個人的關係因此急轉直下，再不如從前那麼好了。

有些朋友，一到公司，人還沒站穩腳跟，想法卻已經飄到天上去了，碗內的飯還沒吃好，又想著鍋裡的，一心想把各種重要的工作、位置都攬到自己懷中，這是不對的。對於初入職場的人，一定要意識到：即使你再有才幹，也不能一下子就被別人承認，什麼事情都需要慢慢來，踏踏實實從眼前的做起，一點一點地讓別人認識你，這樣你才能夠成功。

據一項調查統計，大約有60%的職場新人，還沒能度過最開始的試用期就對生活失去了信心，在試用期是他們跳槽最快最頻繁的時候，因此有一些職場專家往往把這個階段稱為職業的浮躁期。這種現象其實是不正常的。如果只是盲目的浮躁，急於求成，達不到目標便喪氣，這樣你就很難成功。特別是對於剛出校門的大學生來說，由於剛踏入社會，對社會現實的認識還不太清楚，對各方面的掌控能力還遠沒有達到要求，如果急於求成，很可能會犯下好高騖遠的錯誤。

在這給你幾個建議，希望你能夠擺脫這種困境，儘快融入你的工作環境，儘早在職場中應對自如。

第一個就是在剛工作的時候一定不要怕吃苦。許多單位都喜歡把新人當「苦力」用，這個可能有點過分，但也算正常。因為你畢竟懂的少，很多事情還不明白，所以多花一些時間多做一些，是很正常的。如果不想吃苦，就很難度過這個適應期，同事不會支持你，主管也不會相信你，你自己也得不到提高。如果感到工作不理想，也不要輕易放棄，再不好的工作也能有很多讓你提升自己的機會，至少要讓自己有所得，然後再走，這樣才能夠一步一個腳印，把生活的道路漸漸拓寬。

第二個就是如果你進入角色夠快，注意不要太急於表現自己，要有充分的耐心，等待機會，等到時機成熟時再爆發，這樣你才能夠一蹴而就。確實有一些朋友聰明能幹，能力強，很快就能進入角色，但是即使這樣也不要想一步登天。因為公司裡的老員工很多，利益關係錯綜複雜，你處理不好就可能會吃虧。

第三個就是如果你一時沒有達到自己的目的也不要灰心喪氣。有些人一旦自己的努力沒有得到回報，就會認為公司不重視自己，在這個公司沒有前景。其實，公司也不一定就是不重視你，很多時候他們也有很多考慮，比如公司的整體情況，你與別人的競爭等。另外，你的表現很可能已經被人注意到了，但還沒有到讓他們下決心的時候，也許再多點耐心，你的目標就實現了。

第四個就是要注意累積，厚積薄發，一蹴而就。平時多注意虛心學習，不斷地掌握各種資源。如果平時不注意累積（如人際關係、職場資源）和對自身素質的提高，關鍵的時候你想用就用不上了。

總而言之，職場新人，一定不要急於求成，大膽觀察，小心行動，仔細經營，注意各方面資源的累積，這樣你才能夠成功。

第三部分

抬起頭來看事，低下頭去做人，好好學點職場中的關係學

01 說每一句話之前都要仔細思量

也許有時候你太高興，忘記了自己其實在為別人打工，也許是老闆的記憶力超人，不管你說點什麼，只要有一點問題，就能夠讓他記住；也許是你的同事朋友們太多心。總而言之，職場中說話一定要小心，一句不起眼的話就有可能在無形之中給人帶來不好的印象，讓你處於被動狀態。

有一個故事，說有一位推銷員，一不小心犯了一個小錯。有一天，主管正在興頭上，於是請大家吃飯。席間，他高興地對同事們說：「我們這個月的業績很好，感謝大家的努力。」但這位推銷員一時不小心說了一句：「好什麼啊，還沒到上個月的一半呢。」不管他說的是真是假，還是出於什麼樣的好意，這樣的話都不該說出口。

切記一點，有很多話，即使你明知道是這樣的，也不能夠隨意說出口，因為一說出來，牽涉到的各方面的問題太多。不要讓自己大腦表皮層的活動影響自己眼前的表現。不經大腦的話說不得。

一位國外的專家提出幾種職場說話的「大忌」，在這裡列出來供你參考。

「我再也不想在他底下做事了」

不管你對老闆有多麼不滿意，這樣的話也不能說出口。如果真不想做，那麼找個機會跳槽吧；如果不是這樣，那麼請安下心來，把眼前的事做好，然後再想辦法。與老闆賭氣，不僅顯得你沒氣量，愛發牢騷，做事不體面，而且對你解決問題一點用也沒有。

「老闆真沒人性」

也許你加班很久，老闆只給了你一頓飯的錢。你忍不住抱怨。可是想想，明天還要工作，還要來到這裡，那麼，這樣的話就不要輕易說出來。想辦法去解決眼前的問題才是最重要的，比如怎樣才能夠把眼前的工作做完，怎樣和同事甚至你的上級友好相處，儘早擺脫這種不利的狀態。

「怎麼又沒幫我加薪」

如果你對薪資確實不滿意，那麼請找個機會對老闆委婉地說。當然一定要適時，要合理，不要太唐突，要讓人覺得你確實是出於無奈才提出這樣的要求。不要薪資沒談成，和老闆的關係還搞僵了。更不要輕易和同事抱怨。因為職場中的薪水都是相互保密的，你一說自己的，別人知道了，就很可能會向老闆提出同樣的要求，那時你的要求也很難實現了。

「不是我的錯」

如果工作中出現了問題，即使與你毫不相干，也不要說「管他的，與我無關」。這樣的話顯得很沒禮貌，而且沒考慮別人的感受。不是你的錯，又是誰的錯呢？總有人要承擔責任，如果因為你這樣一句話，別人受到損害，那多不明智。即使問題與你無關，也不能隨意表態，更不能隨意推脫責任。

「我不會，做不到」

這樣的話一說出來，面子就完了。能力不行，可以補啊，但是怎麼能夠說出來呢？如果確實駕馭不了眼前的事情，多想想辦法，多學學，多看看，多花一些時間，總能找到解決問題的辦法，別因為這些話讓別人輕視你。

沒有人是一座孤島。人與人之間總是相互影響的。說話之前要仔細思量，不要因為你的一句話，破壞了你的整體環境，讓你的成功計劃得不到實現，那是得不償失的事情。

02 職場裡不要輕易得罪別人

職場中總是有很多意想不到的事情，有很多人，雖然眼前看著不起眼，但是說不定什麼時候就會影響到你了。

我以前在企業工作的時候，企業有一個部門負責人，平時工作很努力，各方面都很積極，各方面的評價都很好。眼看著就要升職了。就在這個關鍵時候，卻因為一點小事給耽誤了，是怎麼一回事呢？原來，公司在升職之前要進行各種綜合考察。這時，公司裡有一位平時看上去很讓人不注意的人，對他提了很多意見，雖然意見不多，但是都很重要的。就這樣，因為這些意見，把他的升職給耽擱下來了。其實就是兩人平時有點小小的不和，徵詢意見的時候那個人也只是根據自己的感覺提出一些意見，結果就產生了這樣的影響。想想，這樣的事情，多麼讓人意想不到啊。

所以，我建議你，不管對什麼事情都要慎重，對什麼人都不要得罪。

具體地說，給你以下幾個建議。

見人三分笑

生活、工作中對別人的態度多親近一些，總是沒錯的。就像那個風和太陽在爭論誰更強大的故事。他們看到一個穿大衣的老頭，就打賭：「誰能夠讓他先把大衣脫下來，誰就更強大。」於是太陽躲到一片雲彩後面。風首先開始發力，然後送來一陣大風，想把老頭的大衣吹掉。結果老人反而把衣服裹得更緊。該太陽出場了，它從雲朵後面露出笑臉，放出暖暖的陽光，不一會兒，老人就感到很熱，脫掉了大衣。其實生活中就是這樣，笑臉是一種對人親近的表示，能夠化解很多東西。我們經常見到，有一些人平時有一些小過節，但是因為比較主動，見到面的時候，態度親近一些，結果很多問題就化解了。所以，別吝嗇你的那一張笑臉，想想一張面孔就可改變這麼多人，多有價值啊。

做事公平合理，處事大方自如

有的人氣量比較小，做什麼事都太過於拘束，給人一種拿不起、放不下的印象，這是不對的。做事要公平合理，處事要大方自如，讓人感覺你是一個有涵養、有氣量的人。不能因為不會處事讓別人瞧不起你，否則在職場中是很難發展的。

多參加公司的集體活動

公司的集體活動很重要，有一些公司喜歡弄一些旅遊，聚會什麼的，這時要多參加，因為這是一個展現你自己的機會。有人一到人多場合就心驚膽顫，不知道怎麼辦，甚至都不敢去辦。其實這沒必要。越是不好意思，就越要多參加。如果總是躲著，別人怎麼可能了解你。要是想引起別人的注意，多在這種場合出現就必不可少。

不要什麼事情都抱怨

有的人愛抱怨，覺得生活、工作中有不公平的事情，就不斷地說，讓人看在眼中，記在心上，其實這都是不對的。抱怨改變不了什麼，還不如面對現實，想辦法去解決。要注意多在生活中改變自己，要別人感到你積極健康的那一面，這樣改變別人對你的印象，提高你在別人心目中的地位。

多和公司中的重要人物親近

公司中有些人很重要，要與他們多親近，因為他們可能成為你的引路人，讓你的一生發展都變得順利。交一個有用的朋友，比樹一個敵人強。讓有用的人才成為你的好友，更能夠與你的事業相得益彰。

總而言之，為人謹慎，待人謙和，與每一個人成為朋友，成為每一個人的知心人，這樣你就會有更多的朋友、更多的機會，你才能夠取得成功。

03 遠離那些可能給你帶來麻煩的人

職場中，一定要學會保護自己，不要沾惹什麼是非。有些工作單位，上下級的關係是非常複雜的，對於那些自己不了解的事情，我建議你先不要介入太深，對於那些一時不了解又可能給你帶來許多麻煩的人，一定要先躲得遠一點。

很多人可能都知道，政府機關的人際關係是非常複雜的，但是複雜到什麼程度呢？你可能根本想像不到。

有一位大學生朋友，畢業後考入某中央政府重要部會，成了人人羨慕的公務員。本以為可以好好工作，開始新的生活，可是沒想到，因交人不慎而陷入了不必要的紛爭之中。

他剛到職不久，就被抓公差。在此其間，認識了一位同樣是在這個部門工作的人。這個人容易衝動，有一次，看到單位裡的種種問題，就對他說：「你看我們都是新來的，單位裡問題這麼多，我們要不然提一些合理化建議吧。」我們這位朋友一聽，覺得挺有道理的，提一些改進的建議，讓單位的工作面貌更好，不是很有好處嗎？兩個人一商量，就寫了很多文件資料，報了上去。雖然兩人的目的很好，是抱著改進工作的目的，但是實際上很多事情都考慮不周全，只提出問題，沒有改進辦法，而且，也完全沒有考慮同事們能否接受。就這樣，材料剛交上去，就被人批評了：「太幼稚，完全不知道工作是怎麼一回事，就胡亂說話。」主管因為這件事情很不高興，覺得他們太不懂事，這些事情，怎麼能夠隨便的說呢？兩個人因此被冷落了很久。

公司單位裡面很多人，其實本身是不太負責任的，說話、做事都不注意，對於這樣的同事，我們最好遠離一點。如果你不注意，和他們交往太深，無形之間就把他們背負的許多問題帶到你的頭上來了。

不僅是對本公司內部如此，對外單位的人也要注意。

也是一位在政府機關做行政工作的朋友丙某，因為工作的關係，結識了一些其他單位的工作人員。其中丁某對他很熱情，給了他很多幫助，還允諾了他許多東西，但隨後就要他用自己工作之便採購他推銷的一些東西。其實丙某也沒有什麼貪心，只是年輕人一時好奇，覺得那些東西挺好玩的，另外也覺得丁某這個人確實對他挺好的，就按照他的要求做了。但是不久問題就出來了，這件事情被別的同事知道了，覺得兩個人靠得這麼近，又買了這麼多的東西，一定有問題，是不是其實中有什麼不可告人的祕密啊。傳到單位裡，主管還專門對這件事情進行了調查。想想，無論是誰，遇到了這樣的事情，都是多麼不利啊。

所以，在職場中，一定要注意你結交的人，對於那些不太負責任的人、整天不知道在做什麼的人，一定要離遠一點。對於某些「惹事精」、「問題嫌疑犯」，更要盡量遠離。因為說不定什麼時候，他們就會給你帶來壞的影響。即使他們對你很好，也不要就受他們影響。

職場中，交人一定要謹慎、小心，看對人，交上好朋友、真正的朋友，這樣才對你的前途有利。否則，不但不能幫助你，還可能會讓你陷於不利之中，這是我們應該避免的。

04 寧可說幾句「假話」，也別說沒用的傻話

在職場中寧可說幾句「假話」，也別說傻話。

有一個笑話，說有一位主管，為方便新員工們工作之餘洗衣服，就買了一台新洗衣機。這時有一名員工不明白，就問：「買這個幹什麼，有什麼用？」主管一聽就生氣了：「給你煮米

飯吃。」

傻話是什麼意思？傻話就是說，不經思考的、沒經認真處理的話，說出來你也不知道會有什麼後果。所以要想著說，免得說出來得罪別人。有的時候你出於好意說出來的大實話，但是因為不合時宜，結果讓人以為你有別的目的。所以，對於這樣的話，還是盡量要少說。人們常說，寧可說幾句「假話」，也別說沒用的傻話，就是這個道理。

生活、職場中常常有這樣的話，我們說出來，覺得是大實話、好話，能夠讓人理解、給別人帶來好處，其實在別人眼中完全是廢話，根本沒用，甚至還可能對他們產生種種負面影響。

某位新上任的部門經理因為下一年的工作方向與上級產生了嚴重分歧。分歧在哪呢？就是因為上級安排的任務，部門經理覺得不對，不應該這樣做，不想執行。於是他就對上級說：「這樣的計劃怎麼能行呢？根本實現不了，還不如不做。」這種話其實是絕對不能說出口的。不管你對這份計劃的看法是怎樣的，畢竟他是你的上級，這樣的話一說出口，你還怎麼與他相處啊？

如果你實在是不滿意，就用幾句套話應付過去，比如「還行，我會仔細考慮」，「與我們公司的發展方向大致相符」，「我覺得可以再完善一下」，等等。這樣的話都是很得體的，總比你一個勁地與他頂撞強。

職場中有很多常見的大傻話。

「你這個不行，得聽我的」

行與不行，不能完全由你一個人來決定。就算真的不行，也不能這麼說。正確的辦法是先應承下來，如果有不同意見，回頭再交流。

「有幾個朋友推薦我到別處去」

我們都想跳槽到好的公司去，心中一賭氣，就會說出這樣的話。如果真是這樣也行，如果不是這樣呢？也許有好幾家公司想挖你過去，但是這樣的話畢竟太傷人，誰聽了都接受不了。所以這樣的話一定不要輕易說出口，除非你打定主意不回來了，說的太多，收不回來，到時候就不好處理了。

「能不能不與他合作」

我們有時候不喜歡某位同事，再也不願意跟他一起工作。但是這樣的話一出口，反而顯得你太沒氣量了。與其這樣，你還不如先把自己的事情做好，老闆會漸漸察覺到工作中存在的問題，自然就會為你排解。如果實在是不行，可以說「我和這位同事的合作經歷中有不愉快的地方，我會盡量與他磨合，也請老闆出面跟他溝通一下」。這樣，這個問題就容易解決了。

「這事誰來做不行，為什麼非得來找我」

有時候老闆很生氣，分配給你一些額外的工作。這個時候，接也不是，不接也不是。遇到這種情況，與其頂撞，還不如說：「我對這件事情還不太熟悉，有沒有更富有挑戰性的任務給我，這樣可以給公司帶來更多收益。」這都是很聰明的，不會讓老闆對你有過多意見。

「那家公司福利真好」

不管你對這家公司有多麼不滿意，也別輕易說出這樣的話。因為這樣，只會讓老闆對你有意見，覺得你和他不一條心了，所以別在老闆面前提這些話。這樣，再有什麼好事，他也不會想起你了。

尤其要注意一點，雖然現在有很多公司把直接溝通作為一種美德，甚至鼓勵員工們把心中話都說出來，但這也不意味著我們真就可以這麼做了，因為「直接」往往就意味著唐突和直白。某位公司的銷售經理和上級產生了嚴重的言語衝突，然後來找公司的 HR 訴苦。HR 一分析，很快就發現了他的毛病，對他說：「你不會好好地表達自己的願望嗎？何必說得那麼直接，誰會愛聽，鬧到最後，工作白做了，人也得罪了，你還什麼都沒得到。」

職場中真是這樣，說話做事都要注意。說些沒用的傻話，不僅於事無益，還會有損你在公司中的地位和形象。想想這樣多不值啊！

05 給別人好的印象，讓別人記住你

毫無疑問，職場中的第一印象是很重要的。

心理學的研究證明，人們第一印象是非常重要的，它可能只在一分鐘甚至幾秒鐘內就決定了別人對你的態度，直至決定你的命運乃至一生。因為人們對一個人的初步了解，往往就是在這很短的幾秒鐘內進行的。

很多人不重視第一印象。

我在企業做人資的時候，常常看到有些人，穿著汗衫，穿著牛仔褲，甚至穿著拖鞋來應徵。

面試的時候，雖然他們想盡辦法證明自己的才華，但是因為態度鬆懈，行為散漫，在印象分上就已經輸掉太多，結果儘管他們在其他方面可能很突出，仍然沒有得到工作機會。

我還記得有一次和某一位企業總經理一起面試員工，應徵的職位是銷售部門的經理。企業總經理給出的年薪很高，遠遠超出同行業的平均水平，結果有好多人前來應徵，其中有不少是從大公司的銷售部門來的，可以說經驗、資歷、背景樣樣出眾。不過，只有一個人給我們的印象很深刻，他只是從一家小企業出來的，資歷談不上有多深，經驗也不是很豐富，但是他穿戴十分整齊，言語之間都透露著一股嚴謹和自信，極力想證明自己是一個有經驗、有能力、重事業、積極進取、有團隊精神的人。結果我們對他的印象都很好，他得到了年薪幾百萬的職位。那些從大公司來應徵的人，雖然資歷背景好，但是大都態度比較傲慢，很有一種這個職位「非我莫屬」的架勢，結果反而被拒之門外。

人們常說，人力資源經理往往能在幾分鐘內了解一個人，這種說法不無道理。因為一個人的表情、神態、舉止行為、語言等每一個細微處，都透露著他的大量訊息，有經驗的應徵者就從這些細節中了解他的性格特徵、心理習慣等，從而決定他是不是自己要找的人。

心理學家做過這樣一個實驗。他們從一些普通人中選擇了一些外表很漂亮的人，又選擇了一些外表一般的普通人，幫他們照相。然後把這些人的照片混在一起，給一些實驗者觀看，告訴他們：「這些照片中有一半是罪犯，另一半是普通人，請你現在把罪犯的照片挑出來。」結果，絕大多數實驗者都把外表一般的人挑出來當做罪犯，卻把外表漂亮的人當成是普通人。

你看，這就是第一印象在不知不覺中發揮作用。

據說著名的企業家沃爾頓，在創業時曾經聘用過兩個人。他們都來應徵公司的銷售部經理，其中戴維外表俊朗，能說善道，給沃爾頓留下了很好的印象；而墨菲，外表一般，而且略顯沉悶。在心中，沃爾頓是傾向於前者的，但他又不知道怎麼拒絕墨菲。

就在他很猶豫的時候，墨菲看出來了他的意圖，就問他：「為什麼你不喜歡我呢？」

沃爾頓急忙回答：「誰不喜歡聰明漂亮的人啊。」

雖然判斷一個人的好壞不能以聰明漂亮為準則，貌不出眾但又取得成功的大有人在，如林肯、拿破崙、華盛頓等。不過整體而言，外表、氣質是一個人的門面，在職場中如果我們想取得成功，就要從這裡進入。給人留下一個好的印象，往往能夠讓你事半功倍，馬到成功。

爭取好的第一印象可以從以下幾個方面來進行。

外表

外表要簡潔、大方，雖然職場中不能過於追求時尚流行元素，但應該處處體現你的特點，把你的聰明、幹練、老成、厚重、嚴謹、細緻等品行優勢表現出來。

言行

說話要大方自然，不要扭扭捏捏，軟弱、不會說話的人會令人瞧不起，當然也不必一定要侃侃而談，指點江山。說話要看準問題、看對人再說，謙遜又不失風度，在表達出自己的觀點的同時，又不得罪人，不觸怒別人。尤其注意說話要隨和，不尖刻，不傷害別人。

行為要端正，給人一種精明能幹、有控制力的感覺，讓人一看就覺得你是一個受過良好訓練的人，通情達理、雷厲風行，從而對你產生敬意。

性格

人們往往都是透過最初的相處來確定一個人的性格，即在最初的幾秒鐘內就可能會對一個人的性格做出概括並得出結論，決定在以後怎樣對待你。比如可能會很快就斷定一個人是刻薄的、圓滑的、難以相處的或者是隨和的、懂事的、值得信任的。這種印象一旦形成，就會維持很久，很難改變。

所以，平時要注意自己在性格方面的修養，盡量把你的寬容、大度、隨和的那一面展示給別人，給人以積極向上、熱情大方、聰明能幹、健康有力的感覺，這對你以後與他們的相處無疑是非常有好處的。

同時，盡量不以尖刻、好戰、征服欲強等性格特徵示人，以免別人一開始就對你有偏見，在以後處處提防你。

當然，在注意第一印象的同時，我們也應該意識到「人不可貌相，海水不可斗量」，畢竟外表所能夠反映出的一個人的內心是很少的。如果想真正全面地了解一個人，還要從他的生活各個方面去了解他。抓住這些要點，你才能夠真正地了解一個人，在與別人的交往中取得成功，為自己的成功推波助瀾。

06學會關心別人，但是不要靠得太近

有一個好玩的故事，說狐狸與老虎是鐵哥們，關係好得沒的說，別的動物都不敢靠近老虎，只有狐狸敢。為了顯示與老虎的不一般的關係，狐狸還專門拍了一張合影，很令人羨慕。不過沒多久，有一天，狐狸與老虎在一起喝酒。酒到酣處，下酒的菜卻吃完了。老虎感到非常掃興，他看了看狐狸，突然興高采烈地說：「狐狸老兄，咱們倆關係那麼好，你就為我犧牲一次，給我當下酒菜吧！」還沒等狐狸說完，老虎就撲了上去，一口就把狐狸給吞掉了。

這個故事說明什麼？說明我們在職場中要與別人保持足夠的距離，要學會相互體諒，但也不要太過靠近，否則就有可能因為相互的抵觸影響別人，讓每一個人都不愉快。

我曾見到過這樣一位同事，在工作中十分熱情，與每一個人相處得都很好，但美中不足的是，就是不會區分工作關係與私人感情，經常因為和別人靠得太近鬧出問題。有一次，他和一位同事吵起來了。起因是主管想分配給他一個專案，但是他不同意。原因是如果那個專案接下來，他也要因此承擔許多工作量，他這一段時間正好家裡有事，不想涉入太多。他總覺得兩人關係好，那個人應該幫自己一下。但是沒想到那人不但沒幫助他，還說：「這是你的私事，和我有什麼關係。」

其實工作中就是這樣，感情與工作是要分開的，如果不會區分，就會搞得糾纏不清。

職場中確實不乏這樣的人：以十分的熱情與之交往，整日奔走於同事朋友之間，對每一個人都很熱情，似乎有很親密的關係。但是我勸你一點，過分的熱情反而容易受到拒絕，會傷到

自己。

有兩只刺猬在一個樹洞裡過冬。天氣越來越冷，它們就蜷縮成一團，不讓一點熱量散失出去，可是氣溫還在不斷下降，他們看看周圍，就只有對方可以取暖了，就向彼此靠攏。

突然有一隻刺猬驚叫了一聲：「你為什麼刺我？」

另一隻刺猬回答：「對不起，我不是故意的。」

他們又不知不覺地向彼此靠攏。一隻刺猬又尖叫了一聲：「你為什麼刺我？」

最後，他們決定既不靠得太近也不離得太遠，保持一定的距離。

人有時就像刺猬一樣，由於害怕孤獨想靠在一起，可是一旦靠在一起，又會相互刺痛，不得不遠離對方。所以，最好的辦法就是保持一定的距離。

一個女孩，大學畢業以後到了一家廣告公司做企劃，透過幾年的磨礪，她逐漸退卻了青澀的外表，工作上也越來越專業，從最初的醜小鴨，變成了頗具職業氣質的「白領麗人」。在畢業的第三年，終於迎來了職場生涯的第一次升職——企劃部主管，負責公司的廣告投放和市場策劃。不過，因為人際關係上的一時處理不當，卻不小心遇到了事業的低谷。是怎麼一回事呢？原來，因為業務關係，這個女孩和公司的某位同事的關係特別近。她也把他當成了知心人，什麼話都對他說。甚至自己生活中的許多私事都說出去了，比如以前的工作、戀愛經歷。結果，在公司提職的時候，她落選了。原因那位同事把她說的很多事情都說出去了，包括她的很多私事，讓主管對她的印象很不好，覺得她很隨便，沒有責任心。這樣的事情在生活中是經常發生的。

所以，在工作中一定要注意保持這種人與人之間的距離，不要因為距離一近就不能自控了。

待人處事，一定要謹慎，學會關心別人，但不要靠得太近，這樣你才能夠掌握好職場交往的尺度，成為一個人人喜愛、事事成功的職場紅人。

07 即使是不喜歡的人也要予以同情

坦率地說，職場中還是應該多交朋友的。各方面的朋友都多交一點，說不定什麼時候就對你有幫助。但交朋友就不能只憑我們自己的感覺，看誰長得漂亮，順眼喜歡，就多來往一些；看到誰貌不驚人，沒什麼感覺，就不愛搭理。這樣是不對的。這樣的話，你的交往範圍就大大縮小了。職場中，不管是什麼樣的人我們都應該予以必要的關注和同情，這樣你才能夠得到更多的機會。

一位公司新剛上任的主管跟我說起他以前的兩個同事。其中一個人，到公司工作以後，結交了不少朋友，大家性格差不多，平時在一起喝喝酒吃飯什麼的，很愉快，但因為性格相近，並沒有更多的互補性。但是另外一個人就不同，他性格比較開朗，對結交別人沒什麼挑剔，即使是那些自己不喜歡的人，也能夠很好相處，這樣不僅平時可以在一起玩，工作中也有一個相互的照應。大家對後者的評價都很好。一到年底獎評的時候，不僅他受到的評價好，得到的獎金多，連升職這樣的事情主管也願意考慮他。

所以，在公司中交朋友，一定要注意不能只看個人的愛好、感情什麼的。交友要做多方面的考察，只要這個人人品可靠、有特點、有特長，就可以結交。有的人，即使看上去很不起眼，也不要因此疏遠他們，因為說不定什麼時候，你們就可以成為事業上的好夥伴，這可能是你意料不到的。

就算是比爾．蓋茲這樣的大富翁，也不是靠一個人成功的。很多人都知道他是一個電腦奇才，引導了訊息社會發展的潮流，可是很少有人知道還有幾個人物在他的成功過程中扮演了關鍵的角色。

第一個關鍵人物是保羅．艾倫，他是蓋茲事業上的合夥人。在微軟公司剛剛起步的時候，公司只有兩個員工，一個是蓋茲，另一個就是艾倫。艾倫不僅具有與蓋茲一樣的電腦天賦和扎實的軟體能力，他與蓋茲一起完成了「DOS 操作系統」的最初開發，在微軟發展壯大的時候，性格更加外向的艾倫還承擔了大部分的公司管理與行銷談判工作，使蓋茲有著充足的精力去開發使微軟一舉成名的 Windows 作業系統。所以比爾．蓋茲是這樣評價艾倫的：「他是我最好的朋友，也是我最重要的合夥人，沒有他就沒有微軟公司的發展壯大。」

第二個關鍵人物是微軟公司首席執行官史蒂夫．鮑爾默。這位畢業於哈佛大學的 MBA，曾在寶潔公司、杜邦公司任高級行政管理人員。在一次商務晚宴上蓋茲與他相識，隨後兩人結為好友。此時，已經壯大的微軟公司急需一位有著豐富企業管理經驗的首席執行官。於是，在蓋茲的盛情邀請之下，鮑爾默出任微軟公司的 CEO。1985 年，在他的努力下，Windows 軟體如期上市，並且在 Windows 95、Windows 98、Windows 2000、Windows XP 操作系統的開發推廣中發揮了決定性的作用，為微軟帝國的擴張立下了汗馬功勞。

所以，一定不要因人設事，各方面的朋友都要交往，即使是你不喜歡的人，也許他們懂得不少你不知道的東西，甚至還能夠在關鍵的時候幫你一把，要注意與他們的來往，不要因小失大，錯過一些好機會，影響了自己將來的發展。

08學會讓別人誇獎，這樣才會有前途

在公司中要學會讓別人誇你，因為如果能夠讓別人都誇你，那麼你得到的回報就可能更大。

我們常常見到有這樣的人，其實各方面的條件並不突出，甚至還比不上一般的人，但就是人緣好，人人都誇他，結果就成為主管眼前的紅人了。

我以前有一位同事老李就是這樣。他平時在公司裡默默無聞的，不出聲，也沒太多人注意。與人相處時，他態度很和藹，每一個人都很喜歡他。本來主管也不重視他，因為他確實沒甚麼突出的能力，和很多年輕人比都不如，但就是因為態度好，結果有什麼好事總能落到他頭上。有一次，公司有一個公派出國的機會，人人都想去，但是主管考慮來考慮去，怎麼也找不到一個足以服眾的。後來一想，乾脆就讓他去吧，因為讓他去，大家都提不出什麼反對意見來。就這樣，很好的一個機會，就讓一個大家都喜歡的人去了。

所以，一定要學會讓別人誇獎你。如果有可能的話，還要讓那些可能與你有競爭關係的人

誇獎你，比如你的同事。為什麼呢？因為如果他們都能誇你了，那更說明你的能力、素質等各方面的條件都不一般。上級也會對你另眼相看，你的發展前景自然就看好了。

某公司的銷售經理李剛，一到公司就聽人說公司裡的另外一位銷售經理張姐是如何厲害，雖然不是什麼副總高管，但是因為在公司裡能夠獨當一面，所以對很多事情都有發言權。同事們對她也都懷有三分敬意，不敢得罪。李剛聽說這件事情後，也覺得張姐這個人很可怕，心想自己千萬不要與她合作。可是事與願違，不久之後就有一個專案是與張姐在一個組的，上級還還叮囑他一定要多向張姐學習，把工作做好。

揣著一種十分不安的心情，和張姐打了幾次交道之後，他卻發現張姐這個人其實並不是那麼難相處。原來，她只是一個心直口快的人，心中藏不住話，但並沒有什麼惡意。知道了這些他就明白了許多。從那以後，他在工作中和張姐多交流，有什麼問題從不隱瞞，直接與她交流。這樣，張姐很快就對他產生了信任。他還得知，張姐的孩子正在上小學，成績不太好，尤其是英語方面怎麼努力都跟不上。得知了這個消息以後，他特意幫助張姐請了一個名校的教師作輔導，結果張姐兒子的英語成績進步很快。因為這個原因，張姐對他更加信任。

到了年終，公司評議的時候，張姐為他說了很多好話。結果，新年一開始，他就被任命為公司的一個專案的負責人。

在工作中，能夠讓別人誇獎我們很重要，因為公司的生態正是靠這些默默無聞的小事去營建起來的。如果每一個人都說你的好，那麼自然老闆也會覺得你好；如果每一個人都說你壞話，那麼你再怎麼努力可能也沒多大用處。

我以前在公司工作的時候，就有這樣一個同事。一開始，和誰都處不來，他一直想升職，但是由於同事關係不好，總也升不上去，因為上級擔心他升上去以後員工們不服管理，會把關係搞僵。後來，由於偶然的原因，他知道了人際關係方面的重要性，調整了自己，和每一個人關係都處好了，這樣他才升了上去。

讓別人誇你不容易，但是也並不是說就沒有辦法了，這裡給你幾條建議。

與同事合作的過程中，關鍵的時候要給他們必要的支持

也許某項技能是你擅長的，那你就不要吝嗇，幫助別人一些，與他們一起進步，人都是有感情的，你幫他們，他們就會回報你，在你需要他們的時候他們就會給你幫助，這樣你就有機會成功。

在一些小問題上不要太計較

同事之間總有一些相互衝突的地方，對此我建議你，在一些小事上不要太介意，多讓著別人一些，這樣在大問題上你才能有所得。比如我以前就有這樣一位朋友，在小問題上總是和別人斤斤計較，算得很細，結果別人有好的機會也不給他，在大的事情上他得到的也很少。

讓別人看到你的長處

職場中總會有很多讓人喜歡你的機會。比如有一位朋友，K歌很好，一到同事聚會的時候，放聲高歌，結果很多人都喜歡他，其中還有不少女孩子。多讓別人看到你的長處，他們就會在在工作上信任你，有機會多讓別人認識你大度、自然的那一面，這樣喜歡你的人就更多。

雖然同事之間存在競爭關係，但也不要覺得同事有多可怕，因為實際上是競爭與合作是共

同存在的，你意識到這一點，就可以很好地掌握「及時」但又「適度」、「恰到好處」的原則。處處受人歡迎，始終處於不敗之地。

09即使有人不喜歡你，也要以平常心對待

在工作中，如果有人不喜歡你怎麼辦？

如果有人不喜歡你，也不要就覺得沒辦法了，因為人與人之間相互不喜歡是很正常的事情，關鍵是當這種事情發生的時候，怎樣化不利為有利。

剛進公司不久的小靜感覺自己工作特別不順，小靜性格很內向，到公司以後，雖然幾經努力與公司裡的多數人建立了良好的關係，但是有幾個同事特別固執，無論怎麼與他們相處，都處不來。而另外一個同事，也是新來的，就做得很好。小靜不明白為什麼，很苦惱。後來她才發現，那幾個人實際上是公司裡的一伙「死黨」，以前共同做過一個大專案，有一種「生死與共」的感覺，所以一般人很難打進他們內部。那位新來的同事，因為與他們一起去吃過飯什麼的，所以才打入他們的內部。小靜知道了這個，就趁著公司內部聚餐的時候，特意坐在他們旁邊，與他們一起用餐，還故意與他們說話，拉關係。就這樣，用這樣一個簡單的辦法，就化解了他們之間的敵意，成功地達到了「打入敵人內部」的目的。

看看小靜的經歷，是不是收獲許多？

如果發現有人不喜歡你，這時不要著急，不要急於證明自己。還是要本著化干戈為玉帛的態度去處理這些事情。

生活與工作中的事情，其實大都是可以大事化小、小事化無的。很多事情，你越是把它當回事，它就越是一個大事；越是覺得沒什麼，它就變得無影無蹤。同事之間相處也是如此，越是揪著一些小毛病不放，你們的關係就越難相處。有一些人性格比較挑剔，別人對他有一點不好，也要記著很久，這樣就很難和別人相處。在生活和工作中，首先還是本著「以和為貴」的態度去處理事情，即使有點不愉快，也要假裝沒看到。這樣你們的關係才能夠好轉起來。

從某大學中文系畢業的小徐，戰勝了200多人，與另外2人一起成為了某著名報社的實習員工。可以說是進了一家很理想的單位，但是美中不足的是，雖然公司的各方面待遇很好，但是報社有好幾個老員工特別排外，不太喜歡他，把他擠到了一個不重要的職位上，讓他處理一些雜事，這讓他很不開心。

但是急也沒辦法，也只能這樣繼續下去。不過小徐也沒有放棄，經他平時多觀察，漸漸和他們熟悉了，這樣他們對他就不像以前那麼苛刻了，而是變得不冷不熱。他們就把一些不重要的工作給他，他也沒介意，不管什麼樣的工作都盡量做好，這樣就寫了很多稿件。結果，因為有一篇稿件寫得很好，被公司的一位高層主管看中了。主管一下就記住了他。不久之後，報社有一個機會，要有一名駐外記者，因為他平時工作努力，態度積極，這樣主管權衡再三，就把他派往國外去了。

你想想，如果他不忍過這段難熬的時期，怎麼會有這樣的結果。

所以，即使有人不喜歡你，也不要著急，要學會忘記，假裝沒看到他們的不高興，然後情況總會改變的。

當然，有的人性格就是暴躁，對別人就是有反感，對誰都一樣，對於這樣的人，我們躲遠一點就是了。躲遠一點，不也是一個明智的選擇？

10 有自己的原則，還要考慮別人的立場

職場中，與同事相處，不僅要有自己的原則，還要考慮對方的立場，這樣一旦有什麼問題發生，你才能夠把問題解決好。

有一個故事，說有一個人，第一次出差到內蒙古去做毛皮生意。剛到的第一天晚上，主人設宴歡迎他。他很早就聽說內蒙古的烤全羊很有名，於是興高采烈來到飯桌上，飯桌的中央果然擺著一隻剛剛烤熟的肥羊，香味四溢，不過他還發現，在每個人的面前都擺了三個大酒碗。

開席了，主人一番歡迎詞之後，宣布要向遠方的客人敬酒，不等他答話，自己先干了三碗，然後抹抹嘴，笑著等他也把自己面前的酒喝下去。他哪見過這樣的架勢，推說自己的酒量不行，可是怎麼推說都不行，面對主人的好客，只能硬著頭皮喝了下去。結果很快就醉得人事不醒。

直到第二天中午，他才從睡夢中被叫醒，讓他感到意外的是，站在他面前的正是蒙古的毛皮商。蒙古人告訴他：「這筆合約和你簽了。」原來，因為昨天喝酒的時候很爽快，主人認為他是一個值得結交的人，結果一下子得到了一筆大合約。

其實生活中就是這樣，每個人都有自己的交往原則，我們也要知道對方的原則是什麼，並且適當考慮，這樣才能夠愉快地相處。

我還記得以前在一家私人企業工作的時候，企業裡有一位阿姨，脾氣特別不好，跟誰都處不來，工作中一有什麼問題，她不是使臉色就是鬧脾氣，大家都拿她沒辦法。還是一位有心的員工找到了解決的辦法。他透過觀察發現，這位阿姨最近家中事情特別多，長輩病了，孩子又小，常常讓她忙不過來。這樣，大家都幫她分擔一些問題，她的性格才發生了改變。

所謂「知己知彼，百戰不殆」。知己知彼，才能化不利為有利。職場中，更要了解別人，知道他們所想，知道他們處事的原則，這樣我們才能夠成功。很多年輕人，剛工作，很自我，還總覺得社會上就和家裡一樣，不管做什麼，都不把別人放在眼中，這樣是很難成功的。有自己的原則，但是也要學會懂得別人的立場，這樣才能夠抓住交往中的關鍵，成為職場中的佼佼者。

11 與每一個人都要保持友好關係

新人怎樣儘快融入公司環境？和大家友好相處，對此給你幾個建議。

要多和別人相處

越是職場新人，就越要多與別人相處。新手往往很膽怯，看到陌生人，陌生環境，不敢融入，這是不對的，其實公司環境就是這樣，你越是積極，就越能融入，越是想躲，就越難以靠近。就像那首歌唱的「難以靠近啊，難以靠近」，你要總這麼想，那就只能與別人隔得遠遠的，再也沒機會來往了。

要多了解公司的規章制度

公司總是有一定的規章制度，作為員工應該了解。比如我有一位朋友，原來在一家私人企業上班，同事之間相處很自由，平時都是稱兄道弟的，管理也比較放鬆，晚來一會，早走一會，只要你工作完成了，沒有人會挑毛病。後來到了一家國營事業上班，發現這樣就不行了。因為很多國營事業的管理比較嚴，工作期間是不允許太散漫自由的，更不可能像以前那麼隨意。所以多了解一下公司的規章制度是有好處的，避免無謂地撞在槍口上。

經常參加集體活動

有集體活動時要多參加。因為這是增加你的人氣，讓別人認識你的最好機會。平時也要多和同事在一起，比如K歌、郊遊、跳舞、夜店等，有機會都可以去，可以很好地了解別人，也讓別人了解你。

迅速「拉關係」

小李在就業市場覓得一份文案策劃職位。有一年工作經驗的他，這次並不像當初大學剛畢業時表現得那麼青澀。在人力資源部門辦好入職手續、來到辦公座位後，他便立即向附近的同事作自我介紹，並到相鄰的工作部門進行問候，這樣很快就熟悉辦公室的所有同事了。雖然只是第一次見面，但是他很快就記住同事的名字，讓人感到他很懂事、很有禮貌。

記名字雖然只是一件小事，卻是「拉關係」的一個好辦法。還有其他辦法，比如在午休時間聊聊天，一起吃工作餐，工作之餘閒聊，等等，都能讓你迅速地與別人接近。這雖然是一些小事，卻能夠讓你認識別人，也能夠讓別人認識你。

說話做事要注意分寸

同事之間說話更要注意分寸，尤其是在開玩笑的時候。以前有一個女同事，身材長得比較胖，結果另外一個人總拿她打趣，總說類似這樣的話：「妹妹今年看起來氣色這麼好，是不是又減肥成功了。」弄得她每次總是很不開心。想想，這樣的話雖然看上去沒什麼，但是實際上很讓人沒面子。在每說一句話之前，都要先考慮一下是否合適。在不同的場合，面對不同的人，話是不能隨意說的。說話是學問，要好好領悟。

有些內容要注意保密

諸如生活狀況、收入、個人感情等問題，除非同事主動向你說起，否則不要輕易過問。過分關心別人隱私只會讓周圍人認為你是個無聊、沒有修養的人。好朋友都應該保留彼此的空間，更何況同事呢？

當然在與別人相處的時候，要掌握好分寸，既不要靠得太近，也不要離得太遠。工作中不發展感情是不行的，那樣你的工作很難開展，但是搞得太深，同樣會讓你陷入人情關係裡不能自拔。所以適當掌握分寸，凡事恰到好處，這樣你才能夠在職場中掌握好人與人之間的關係原則，成功地駕馭生活、駕馭自己。

12必要的禮數是要參與的

很多公司都有一些約定俗成的禮數，這些禮數大都是象徵性的，不需要你花費多少心力，但是對於公司內部的環境、交流卻很重要。對此你要注意，必要的禮數一定要參與，不要讓自己落在別人後面。

有一位朋友問我：「公司的副總要結婚了，其實他年齡也不大，就是升得比較快，估計我看他都不認識我，而且我來公司也沒多久，將來還不知道怎麼樣，我有必要跟很多禮嗎？」

對此我的回答是：「最好是跟。」我的理由是，公司就是一個生態圈，而且還有一種「蝴蝶效應」。什麼是蝴蝶效應啊，就是說一隻蝴蝶煽動一隻翅膀，都可能會產生一場風暴。職場中也是如此，相互之間的一點小影響都可能造成一場大衝突。所以，一定要注意平時的這些小問題。而且公司裡的包禮，一般錢都不多，點到即止，不會讓你太為難的。我記得我以前上班的時候公司裡有一個名文規定，就是不管誰結婚，從上面的總經理到下面的員工，結婚一律是每人六百。六百塊也就是一頓便餐的錢嘛，還可以增進感情，有什麼不該用的。所以這錢還是應該花。

又有一個女孩子問我：「我剛到公司上班，經理是女的，馬上要結婚了，我剛上班半個月，別人都包禮了，但是他們沒告訴我，我是偶然知道的，我該怎麼做呢？」我的回答是同樣的：「如果你的條件允許，也應該考慮去一下，不管多少，是一個意思。當然，如果你覺得沒關係，不去也行，可以問候一下，表達一下你的意思，這樣也讓人明白你是有禮貌的。不然，以後在公司你怎麼和他們相處啊？」

有很多人不注重公司裡的禮數，不管有什麼大小事情，一律與我無關。其實這是不對的。所謂「禮輕情義重」，不管這種禮金有多少，至少是一個人脈，一份感情，一種溝通，這對你的將來是很有好處的。當然如果是太大的支出，我也是堅決反對的，毫無意義，還浪費。

公司的禮數，不僅僅是包括平時相互之間的來往、禮貌什麼的，還有很多內容，比如平常相互間的問候、相互間的幫助、對方有事情時必要的付出，雖然次數不多，但是畢竟體現了一份心意，可以增進彼此的感情與信任，而且，可以為你們構建良好的工作環境鋪路。另外生活中的小事，只要是我們力所能及的，也應該相互幫助，比如同事臨時有事，讓你幫忙代理一下他的工作。這些小事對於我們建立良好的工作關係也是非常有用的。

如果你能夠在這些小節上多注意，相信對於改善你在公司的環境與位置會很有幫助。

第四部分

仔細觀察，大膽出擊，讓你成為主管最關心的人

01主管喜歡什麼樣的人

有一個笑話，說一位主管，有一天心血來潮，與下屬一起乘車去釣魚，可是實在運氣不好，在水塘邊等了半天，一條魚也沒釣到。看到別人頻頻得手，他臉面上有些掛不住，正想發怒的時候，一位下屬突然進言：「這裡真是小地方。」這位主管不知何意便問：「為什麼這麼說？」下屬答道：「這裡的魚都沒見過大世面，看見您來了還不好意思出來呢。」

這當然只是一個笑話，不過在生活和工作中，有時適當地向主管「示好」，尤其是在主管處於困境的時候，我們能夠緩頰一下，幫助他們化解問題，自然他們就會把我們當成「自己人」。

有一位年輕人，工作很久了，仍然不受到重用。與他一起工作的人，別人要麼有出國的機會，要麼有進修的機會，甚至還有升職的，他卻什麼都得不著。原因在哪呢？

公司裡有兩位主管，一位大的，一位小的，他們都很喜歡這個年輕人，都想把他爭取到自己的這一邊來。但是這個年輕人並不了解這些，他總覺得，和誰相處，都像朋友一樣就好了，不要那麼密切。跟這兩位主管也是如此。兩位主管其實都想拉他到自己這邊來，但是他卻假裝沒看到。最終哪一位個主管也沒重用他。

想想這種情況，是不是很不值？本來自己能力很強的，因為自己不會處事，結果反而被拋在一邊。

一般來說，主管大都喜歡這樣的人。

乖巧，聽話，會察言觀色

每個人都喜歡聽好話，主管當然也是如此，緊緊地跟他站在一起，無時無刻不表達對他的關懷和支持，他當然會滿意。所以，要學會觀察主管，雖然我們反對不管什麼事都逢迎主管，但必要的時候，還是要表達你對他們的支持。

了解主管的心思

每個人都有喜怒哀樂，有心情不好的時候，主管也是如此，如果能夠了解到他們的心思，幫他們排解一下，他們可能很快就把你當成他們的心腹。我有一位朋友，很久以來在公司裡一直鬱鬱不得志，但是後來因為一件小事很快就得到提拔了。是怎麼一回事呢？原來，最近他的頂頭上司因為家庭衝突弄得不可開交，心情很亂，正好他知道了，就利用出差的時候，用自己的生活經歷做了一些勸解，因為這一點小事，上司很感激他，結果很快提拔了他。

能幫主管解決實際問題

如果你的工作能力比較強，不妨在主管困難的時候多幫幫他們。雖然很多主管看上去很威風，實際上他們的壓力很大，常常會因為處理不好問題而頭痛，寢食不安。如果你能夠在這個時候幫幫他們，對他們來說無異於雪中送炭。

比較謙虛

主管雖然身在高位，但是實際上內心中也不一定是安全的，因為他們往往會受到各種形式的威脅，尤其是來自同事和下屬的威脅。所以，不管你的能力怎樣，都不能表現得太隨意，在生活與工作中要注意控制自己，謙虛謹慎，這樣主管才會喜歡你。

與主管緊密保持聯繫

雖然每天與主管打交道的人很多，但是真正能夠讓他們記住的沒幾個。但是如果你能夠經常與他們保持聯繫，那就可能不同。如果你既不擅長說話，又不擅長逢迎別人，那麼，請在平時與主管多保持聯繫吧，比如隨時報告一下工作，告訴他你的最新工作進展；不斷地交流工作想法，交換你對工作的意見；把你的想法寫在紙上，或者用電子郵件發過去，這些都是很好的聯繫方式，不斷給主管吹「耳邊風」，讓他們知道你的想法，他們就會相信你是與他們站在一起的人，在關鍵的時候就會想起你。

忠誠，不左右逢迎

如果單位或者公司裡的上級很多，你實在不知道該跟從哪一個，那一定要選擇一個最重要的、最有可能給你的前途帶來影響的。不要夾在很多主管中間，猶豫不定。忠誠對於主管來說很重要，因為只有忠誠，才能夠讓他們感到放心。

必要的時候，要為主管出頭露臉，做一些事情

有時候，主管有想說但是不便說的話，想做但是沒法做的事，這時你要能夠挺身而出，幫助他們說出、做到，他們也會因此非常感激你。比如說我的一個同事小王。有一次，他的主管因為家中有人生病，工作中又很忙，兩邊都抽不開身。小王知道後，就主動加班幫助主管解決

了很多問題。主管很感激他，也因此更器重他。與主管相互幫助，也是人之常情。對此我們應該予以關注。

當然，在想盡辦法與主管周旋、打入主管內心的同時，你也要有一定的工作能力，在各方面能夠拿得起、放得下。畢竟，如果一點能力都沒有，主管也不可能看重你、重用你。

緊密地了解主管的心思，努力去尋找你和與他們的共同之處，與主管成為密友，成為他們的貼心人，這對於你的發展是非常有好處的，只有這樣，你才能夠在職場中取得成功。

02 如果你做錯了，一定要想辦法補救

在工作中，出現了什麼問題，一定要想辦法補救，一旦行動上有遲緩，就有可能陷入麻煩中。

某個年輕人，到一家公司工作。剛來不久，工作還是很勤奮的，主管對他的印象也還好。可是有一次，他給主管做的報表中出現了一些紕漏。他以為，這樣一點小問題，不用當回事，主管給他指出來，他也沒改。可是沒多久，主管就當眾批評了他，說他工作不認真，還威脅要把他解職。

有的時候，我們確實不是有意的，事情沒有做好，甚至還做得很糟。這時該怎麼辦？是沖冠一怒暴發出來，還是面對問題接受現實？對此，我勸你要選擇後者。有些朋友，遇到這種情況，不知道該如何處理，不夠冷靜，與主管吵鬧，對著幹，這是完全沒必要的。

因為生活的道路才剛剛向你展開，如果因為這一點小事把你和主管的關係搞砸，幾乎就等於斷送了你在公司中的前途。

遇到這種情況，建議你首先要靜下心來，好好想想到底該如何處理。

如果事情的原因確實在自己，那麼無論怎樣，我建議你還是要表現得自然大方一些，坦然接受現實，以一種真誠的態度去接納，這樣才能夠讓人感到你的心胸，才會進一步信任你。然後要積極地想辦法補救。

某位年輕人，雖然工作很努力，但是因為缺乏經驗，到公司不久把一個大專案給弄砸了，讓客戶大發雷霆不說，公司內部對他也很不滿。不過他很聰明，面對這種情況，他沒有放棄，而是不斷地與客戶溝通，同時又反覆向公司主管聲明，自己願意想辦法補救。結果，因為他這種積極努力的表態，公司主管又重新對他建立了信任，客戶也接納了他，專案的頹勢得到扭轉。他也因此取得了各方面的信任。

必要的時候還要學會道歉。道歉不僅是一種認錯的表現，更能夠讓對方感到你對他們的尊重。即使你並沒有實質性的錯誤，做出這樣的姿態，也能夠讓人看到你的誠意，這對你也是有好處的。

道歉不需要太複雜，遵循有效溝通的原則即可。把你的想法說出來，諸如「對不起，我真不是有意的」或者「請不要介意，希望我們能夠共同努力，把這件事情做好」。話雖然不多，但可以很好地緩和氣氛，讓別人重新信任你，使你的工作更有利於開展。

有時候確實也是蒙受「不白之冤」，僅僅因為一點小的問題，或者根本沒有什麼問題，就被人搶白了。遇到這種情況，我建議你暫時忍耐一下。職場中這種事情是時常會有的。但與其無意義地爭論，還不如暫時忍耐一下。凡事心胸開闊，向長遠看，才能把事看清、看透。

所以，工作中遇到不利的情況，不要隨意放棄。因為事情可能會隨時變化，如果你放棄了，就等於放棄了這樣的機會。一旦有什麼做得不好、做得不對，不要躲藏和逃避，想辦法去面對它，讓別人諒解你，這樣才能夠化不利為有利，解決問題，促進你在公司中的進一步發展。

03主管永遠是「對」的

你要記住一點，在職場中主管永遠是對的。不要以為「我也在這家公司工作，也有發言權，別人有什麼不對，我也可以說」。這是完全不對的。

以前我在一家公司工作過，公司不大，但主管的口氣很大。每次開會，主管都強調，全體員工要團結在主管周圍，和主管保持一致，到年底實現怎樣的增長，等等。但是實際上，誰都知道，這樣的目標根本不切實際。雖然內心對主管有許多不滿，但是多數人都沒表露出來。但也有一些年輕人，沉不住氣，覺得主管這不是在胡說八道嗎？這樣的目標完全是不切實際啊。他們給主管提了不少意見，說這樣的目標不現實。結果，這些與主管態度不一致的人，無一例外地被主管排擠了。

所以，不要和主管對著幹，在很多時候，你要把主管當成「上帝」，即使不喜歡他們的話，也要假裝聽不著。這樣才能夠和他們把關係處好。古人常說「父母官」，在今天也是適用的。

現代企業實行的都是主管負責制。即使我們不同意他們的觀點，也要把他們當成自己的引路人來看持，這樣才能避免衝突。

有這樣一個案例，說有一位初涉職場的大學生，對於職場的規矩並不十分了解。有一次，他所在公司的主管因為貪圖便宜進了一批仿冒品，結果被客戶發現了，客戶毫不客氣，當場就提出質疑。為了維護自己的顏面，主管堅絕不承認，還和客戶大吵了一架，吵完之後，還讓這位大學生打電話告訴這個客戶，以後和他斷絕關係，再也不來往了。然而沒過多久，主管火氣消了，人也清醒了，想來想去，覺得這樣做不妥當，又想反悔，於是又把這位大學生找來說：「你再打個電話給對方，說我們會想辦法幫助他彌補損失，希望能夠繼續保持合作關係。」

其實，聰明的員工早就知道主管的行為不妥，所以當初根本沒打那個電話。他此時趕緊告訴主管說：「我早知道你會後悔，所以你說的話我沒聽，那個電話我根本沒打。」本以為主管會表揚他，沒想到主管聽了不但沒表現出一點高興的樣子，反而大發雷霆，讓這位員工一頭霧水。

難道他還有什麼錯嗎？你可能會覺得他做得無可指責，但實際上主管就是因為他沒聽自己的話，才發了脾氣。

主管畢竟是公司的核心人物，他自己的言行對公司有很大的影響，對於他的想法，即使再不對，你也不能忽視。在這個案例中，員工還是應該給打電話客戶，但是在語氣上可以委婉一些，比如可以這樣說：「我們公司的業務最近比較忙，有些事沒處理過來，我們會妥善處理的，希望您能夠諒解。」這樣，相比原來的處理方式就好多了。

把主管當成一個真正的主管，這樣才有利於你在公司的發展。因為主管都比較講究自己的地位，如果你想在公司中有地位，首先就得讓主管覺得自己「有地位」。

一位大學生，畢業以後到一家國營事業當上了辦公室專員。可是沒過多久他就發現，主管是一個喜歡指使別人的人，不僅工作範圍之內的事情讓他做，很多分外的事情，比如打掃辦公室、買東西甚至主管的私事，都要找他，這讓他很火大。那麼，主管這樣做對嗎？

想想，即使主管做得很過分，但他畢竟是你的上司，必要的忍耐還是要有的。給主管面子，他們才會給你面子，不要因為這些小事，把關係搞砸了，這樣對你的發展當然就很不利。

有些人覺得自己的能力很強，只憑著自己能力就能夠在公司中立足，這是不對的。職場不只是只有工作那麼簡單，還有人際關係，有和主管的關係，只有正確地把握住與主管的關係，才能夠讓你在職場中如魚得水。

跟主管相處，建議你記住以下法則。

第一條：主管永遠是對的。

第二條：如果有什麼問題發生，參考第一條。

記住這兩條，你一定能夠成功。

04 了解主管的性格很重要

某電腦公司正處於危機之中，其銷售額與利潤在不斷下滑，股票市值一落千丈，各方的債主都來討債，從客戶到股東，把董事會弄得焦頭爛額，可以說是整個公司遇到了大麻煩。

這時董事會請了一位新的CEO。新任CEO的能力很強，上任之後就力主改革，大力裁員，出售分部，做出了很多人不敢做的決定。最終公司因此得救了，度過了危機。不過好景不長，由於他實行的是「恐怖管理」，對下屬工作中的小錯誤都要大發雷霆，下屬稍有意見不同，就會被他訓斥，甚至強行調走，還有不少被開除的。結果他又因此遭到了眾叛親離，誰都不支持他，以致不得不離開。

這位主管的性格就是典型的「專制型」的性格，其特點是強制性管理，要你不得不從，但往往會招致很多敵人。

生活中我們總會遇到各種類型的主管，每一位主管的性格特點、為人處事的方式都各不相同。這時，對他們進行了解就很重要，適當地了解主管者的性格，你就可以正確地做出判斷，掌握工作中的主動權。如果不了解他們的性格，很有可能在工作中會相互冒犯，使你和他們的相處很不融洽。

那麼主管者的性格有哪些類型呢？

下面幾種是很常見的，了解了它們，就基本上可以掌握工作中大多數主管者的性格，對於你的工作會很有幫助。

專制型

專制型主管的目標就是要控制別人，讓他們成為自己的附屬品，如果你稍有一點不服從，他們就會不滿意，大發雷霆，以更大的壓力讓你屈服。一旦下了命令，你就必須立即服從，否則，他們就會嚴厲地批評你，甚至會把你炒掉。

與這樣的主管在一起，你會有一種茫然不知所措的感覺，因為他們的壞脾氣常常讓你無所適從。不過最終的選擇只有一個，那就是只聽從他們的吩咐。當然，這樣的主管雖然常常讓人下不了台，但是個人能力也比較強，如果你遵從了他們，他們往往能夠給你較為豐厚的回報。但是不利也是很明顯的，那就是你不能有自己的個性，從而壓抑了自己。

面對這種情況，除非你有更充分的準備，否則我建議你不要對他們有太多的懷疑，多執行就是。如果實在不行，你就只能選擇離開，因為反抗是沒有用的。而且，與他們在一起，你想有更多的進步是不太可能的，因為他們的命令把你的能力和個性全都壓制下去了。

謹慎型

謹慎型主管為人比較仔細，什麼事情都要反覆權衡後才動手做。與這樣的主管在一起，你不用擔心太多的麻煩，因為他們會把所有的麻煩都避免掉了。但是他們對你的信任也是比較少的，因為他們會瞻前顧後，將你與他們之間的每一件事情都算得清清楚楚。與這樣的主管在一起，你雖然麻煩不多，但是得到的也比較少，因為他們大都是不太會照顧別人的人，自身又缺乏自信心與安全感，所以你期望的目標在他們那裡很難得到滿足。

活躍型

活躍型主管往往比較有人氣，他們愛說愛笑，聰明機靈，總希望引起你的注意，得到你的肯定與讚美。活躍型主管天性就是愛溝通，與你似乎是無話不談。與他們在一起，你會覺得很快樂，因為他們的笑話很多，說話很風趣幽默。隨著生活閱歷的累積和個人境界的提高，他們更能夠設身處地地為對方著想，因此往往成為「慈實的長者」、「知心大姐」一樣的人。

但有一點要注意，與他們處久了你就會發現，他並非僅對你如此，而是幾乎對每一個人都是一樣。這樣，你的感覺就可能不如一開始那麼好了。而且，記住一句話：「伴君如伴虎。」再好的朋友，再好的主管，也可能有與你翻臉的那一天。雖然現在每一天都是笑容滿面，但將來也可能是暴風驟雨，所以還是謹慎一點，不能與他們靠得太近。

執著型

執著型主管做事比較堅定，遇到困難時也能夠堅持到最後，往往有著很強的拚搏精神。跟著他們，你可能會感到動力十足。但也有一個問題，就是這種類型的主管，性格中的壓力成分往往比較大，他們往往會給自己設定很多目標，一旦實現不了，還會把這種壓力轉嫁給你。他們可能是比較願意遷怒於人的，對此你要小心。對於這樣的主管，既要和他們一起努力，又要適當地保持距離。不然，當他們遷怒於你的時候，你很可能會毫無防備，不知所措。

「三不管」型

「三不管」型也就是說，你說什麼、做什麼、有什麼問題他們都不管，想得到他們的幫助更是不可能。這樣的主管，大都沒有什麼追求，上班就是混時間，下班就回家的那種。對於這樣的主管，建議你還是早點離開了事，因為從他那裡，你什麼都得不到，別讓自己的一生毀在他們手裡。一旦遇到這樣的主管，早早另投別的門路吧，千萬別在那裡耗著了。

總之，記住一點，多了解你的主管，爭取成為他們的知心人。這樣你就會發現，其實他們也願意與別人相處、需要別人理解。以適當的方式接近他們，與他們建立信任，這樣你就會把握主動權，下一步離成功就不遠了。

05要知道主管的感受

生活與工作中我們一定要了解對方的感受，知道他們對我們的態度，這樣我們才能夠取得成功。

有一個故事，說深山中居住著一個妖怪，他的法力很強，可以變幻成任何東西，不過他的面貌卻很醜陋。

有一天，他感到很無聊，於是就暗中觀察山下村民的生活，希望有朝一日能夠融入這些人的生活中去。

他來到村子邊上，看到幾個小孩在做遊戲，覺得很好玩，想加入他們的行列，一時按捺不住興奮之情便突然現出身來，對著小孩兒們說：「你們好！」

孩子們聽到他的聲音，抬頭一看，一個面貌兇惡的妖怪在咧著大嘴沖自己笑，他們嚇得四散奔逃。

妖怪很傷心，不明白為什麼大家會這樣對待他。他失望地回到了山中，躲在山洞不敢出來。

碰巧這時他的朋友來看望他，見他如此苦惱，就問起其中的緣故。於是妖怪便把自己的遭遇講了出來。朋友聽完，笑著告訴他：「你那樣出去，當然是把他們嚇到了！」

妖怪因此改變了自己的外形，再去的時候，孩子們果然接納了他。

想想，如果我們都是如此不懂對方的感受，如此盲目地跑到對方面前，是不是也會面臨同樣的問題？了解別人心中的想法，然後有目的地去相處，這時就會融洽許多。有很多朋友，不會處理問題，更不會設身處地地從對方的角度考慮問題，這樣想和別人相處就很難。

有一位朋友來信說：

我因為工作能力比較強，被主管提拔到另一個科室做主管，卻得罪了那個科室的一個同事，她是局長的親信，雖然只有高中畢業，經常寫錯字，但是脾氣很暴躁，也許是對我的提拔不太服氣吧，我交代的工作她經常不完成，還找藉口和我吵鬧，工作不好好做，還自以為是，以話欺人。

我覺得生活中不該有太多衝突，所以對她一直抱著寬容的態度，盡量息事寧人，可她卻總是不依不撓，給我難堪。

有一次我下通知給各科室，要各科室下午過來開會，她就到外說我逞能，什麼都不會，還要處處管著別人。

我處處讓著她，她卻處處與我過不去，我該怎麼辦？我該鬧到主管那裡去嗎？

對於這位朋友，我給他的建議是：

「對於這位同事，你還是要採取遷就的態度，要堅持忍耐下去。為什麼呢？原因有兩個：

其一，你畢竟還是主管，無論怎樣，都要顯得大度一些，與一個急性子的人爭吵是不明智的選擇。其二，你想，鬧到主管那你會怎麼樣？能夠達到你的目的嗎？面對這樣的急性子，我想你的主管也一定會很為難，難以為你們解決分歧。如果你貿然去了，只會把他推到風口浪尖上，這時反而對你更不利了。」

這位朋友聽從了我的建議，對那位同事的吵鬧假裝沒看見，不理不問。那位同事鬧了一段時間後，自己也覺得沒趣，就再也不鬧了。而他的主管得知了這件事，很讚揚他的大度，這樣，他的仕途反而因此更看好了。

想想，這是多麼讓人希望得到的。

主管也會有許多喜怒哀樂，如果你能夠把主管的問題當成自己的問題，換個角度考慮一下，你就會知道他們工作中可能面臨著怎樣的問題，從而避免這些問題的發生。這樣你再與他們相處的時候，就會容易許多。所謂「知己知彼，百戰不殆」，正是這個道理。

據說有一次蘋果的總裁賈伯斯遇到一位客戶，客戶抱怨說：「你設計的 iPhone 手機，螢幕又小，使用又不方便，真是讓人沒辦法。」賈伯斯覺得很奇怪了，他認為自己的手機已經是全世界最好的了，怎麼還會讓人這麼抱怨呢？後來一調查才得知，這位客戶視力有些不佳，而且身體行動不太方便，這樣在使用手機的時候與別人的要求就不同。知道了這些，他決定單獨為這位客戶開發一種更方便的、可以用聲音指令控制的手機。得到這樣一款手機之後，這位客戶很滿意，而賈伯斯的蘋果公司也變得更受歡迎了。

我們與別人、與上級打交道也是如此。了解對方的要求、感受，知道他們看問題的方式，再打交道就會容易許多。如果凡事不考慮對方的感受，只從自己的角度出發，這樣即使你再努力，也不可能和主管成為知心人，也就得不到主管的信任。

06在主管面前要敢於展現自我

在主管面前，一旦有機會，要學會表現自己，如果你不去爭取，就難爭取到機會。

有一位朋友對我抱怨說：

「我是屬於那種性格比較內向、不善於表達的人，不會說什麼阿諛奉承的話，默默無聞工作，有什麼事就只知道吞進自己肚子裡。別人以為我這個人無欲無求，其實我並不是這樣的人。我也很想成功，可是主管就是不把我看在眼裡。怎樣才能夠讓他們注意我，怎樣才能夠有我的機會？」

對此我的回答是，要學會在別人面前展示你自己。

有很多人害怕證明自己，或者不會證明自己，想得到什麼卻又無從下手，有話也說不出口。這都是不對的。在主管面前要學會展現自己，讓主管信任你、接納你，這樣你才有機會成功。

這裡說一個故事。有一個人，一直在一個小城工作，一個偶然的機會他到外國出差。

剛到國外的第一天，由於過於勞累，一下睡過了頭。就在他蒙頭大睡的時候，突然被一陣門鈴聲叫醒，打開門一看，一個穿戴整齊的服務員端著一份早餐站在門口，禮貌地向他打招呼：「Morning, sir！」

他不懂英語，聽到這樣的問候，不由得愣住了，不過想到在自己的家鄉陌生人見面都會問「您貴姓」，於是心中有了數，就對服務員說：「我姓李！」如此這般，一連幾天，服務人員每次來送早餐的時候都會說：「Morning, sir！」而他每次都回答：「我姓李！」同行的其他人聽說了這件事，告訴他：「他是在對你說『早上好』，你也應該以同樣的方式回答。」

又到了早上，服務員照例來敲門，門一開，小李心想：「我是不是應該先問候他？」一開門，他就大聲叫道：「Morning, sir！」沒想到，此時服務員回答的是：「我姓李！」

這說明，如果你自信的話，別人也能夠為你所改變。

很多人性格內向，不善言辭，在公司中處於可有可無的位置，沒有重視，沒人在意，因為長期沒有發言權，機會來了也不能把握。其實，信心是一種可加深的過程，你越是自信，越是想展示自己，別人就越會在意你；你越是不敢表達，不敢在別人面前展現自己，你就越是會產生一種恐懼感，更加不敢表達自己了，久而久之，連你自己都可能把自己遺忘了。

「二戰」的時候美國著名的將領巴頓，曾經攻城拔寨，取得了很大的戰功。不過，他的脾氣孤傲，不把別人放在眼裡，和別人很難相處，經常搞得別人很不愉快。當時正是與德國交戰最關鍵的時候，時任盟軍總司最高總司令的艾森豪威爾雖然想用他，但是考慮到他這一情況，很猶豫，想用又不敢用他。巴頓知道了艾森豪威爾的想法，他主動請功，跑到艾森豪威爾面說：「請相信我，我一定能夠成功。」因為他的自信和大度，艾森豪威爾深受感動，於是下決心任用他。就這樣，巴頓重新走上戰場，無往不勝，為盟軍的勝利做出了很大的貢獻。

所以，一旦有機會，不要白白錯過，要讓別人看到你積極向上的一面，看到你的信心與勇氣，這樣他們才能重用你。

有兩個男孩同時喜歡一個女孩。其中一個男孩很英俊瀟灑，他很想得到這個女孩的芳心，但是又怕被拒絕，不敢開口。另一個男孩並不英俊，但翻來覆去地想了很長時間，他終於鼓起勇氣，來到女孩的面前，說出一句：「我很喜歡你。」

在他說出口的時候，一直支撐他的勇氣突然之間全都沒有了，他只感到腦中一片空白，心想：「這下全完了。」

可是沒想到，女孩不但沒有取笑他，反而被他的真誠和勇氣所感動，兩人終於走到一起。這不並是一個童話，勇氣和堅定讓他取得了成功。

在主管面前也是如此，每個人都喜歡自信堅定、有勇氣、有能力的人，把你的這一面表達出來，這樣才能夠讓別人對你委以重任。

有的人從來不缺乏實力，但是缺乏自我展示的能力。在這個競爭激烈的社會裡，缺乏自信和勇氣就幾乎與失敗是同義詞。

生活中有很多場合可以讓別人認識你，比如與人說話，相互間的交往，工作中的往來，讓你承擔某項任務，等等。在各種場合、在各種小事中證明自己，機會就會自然到來。

另外有些時候，主動展示自己，並不是一定要說你能力有多強，能夠幹多少事情，也要看你的態度，工作態度要積極、努力，願意付出，這樣別人就會重用你、信任你。

盡量向上級展示你積極、健康的那一面，堅持下去，他們一定會喜歡你，你一定會成功！

07必要的時候要敢於「忤逆」

工作中有時要敢於「忤逆」，甚至敢於「批評主管」。對此有人可能很不解，對於主管，怎能夠隨便評論呢？

其實也不盡然，古代有忠臣進諫，現代也有仗義執言。實際上，主管也不一定是一味喜歡別人說好話，如果說的話確實有道理，又沒有傷到他們的情面，多數人也是不會拒絕的。

當然，中國人都酷愛面子，視面子為珍寶，作為主管更是如此。向他們提意見就一定要講方式和方法。

某位公司的總經理，有一天和自己的副手爭了起來。起因是為了公司的一個預算方案，他認為這個預算太多了，他的副手卻認為預算還遠遠不夠。兩個人因此發生了激烈的爭吵。他們在那裡吵，辦公室裡的人都在一邊聽著，每個人都感到很緊張。這位總經理平時就有點容易激動，一爭起來就控制不住自己，現在更是如此，說話唾沫橫飛，完全不顧有別人在場。

他的祕書小王看在眼中急在心裡，很想勸解，雖然他是高管，但是在這麼多人面前爭吵，畢竟不是一件明智的事情啊。他想勸解，但是看到這樣緊張的氣氛，尤其是知道這位主管平時比較護短，就算是自己錯了也不允許別人說，所以他也不知道怎麼辦。可又不能就這樣下去，轉念一想，終於想了一個好主意。

他假裝倒了一杯水，給這位總經理送過去，總經理正在氣頭上，把水放在一邊，根本沒喝。看到總經理還沒冷靜下來，他又拿起一份文件，假裝要去找這位總經理簽字的樣子，走到他面前說：「主管，要下雨了，您是不是該準備一下回家了。」

那位總經理也是聰明人，抬頭一看，外面的天氣很晴，沒有一點要下雨的樣子，但他馬上就明白過來了，知道自己現在很失態，急忙笑著說：「確實，天要下雨了，我也該回家了。」趁著這個機會，他跑了出來，就這樣一場風波化無形。

主管也會有失態和處事不當的時候，如果你能夠恰當處理，幫助他們把問題消解於無形，他們就可能感激你，這樣對你的發展也是很有好處的。

我曾見過這樣一位主管，做事不拘小節，雖然身在高位，但是做事一點體統都沒有，經常在下屬面前大聲說話；上班的時候一屁股坐在別人的辦公桌上聊天，也不管別人願意不願意；尤其性格比較急，一覺得沒達到他的目的，就要發怒，與別人爭吵。因為不太在意這些小節，讓人覺得他很不尊重別人，毫無道理可言。

後來有個機會，我請他去咖啡館坐了一會，喝咖啡的時候，我對他說：「您最近是不是心情不太好啊？」

他一聽就說：「沒有啊。」

我又問：「那您為什麼看上去總是那麼急，讓人看著都挺著急的樣子。」

他一下子就明白了。

從那以後，他的性格就改變了很多，不像以前那麼粗暴了，變得很懂禮節了。而且對我也很感激，一直把我當成他的知己。

有時候幫助主管，其實就是幫助我們自己。在關鍵的時候糾正一下主管，不僅可以幫助他們把困難化解於無形，對我們自己也有好處。但糾正主管，一定要分時間、場合，要注意方式。

某公司召開年終檢討大會，主任到台上講話，他說：「今年本公司的合作單位進一步擴張，到現在已發展到五十個。」話音還沒落，一個下屬站起來，衝著台上講得眉飛色舞的主任糾正道：「錯了！錯了！那是年初的數字，現在已達到六十五個了。」結果全場一片譁然，聽到這樣的話，這位主任面紅耳赤，無地自容。

想想無論是誰當眾被人這樣指出問題，都難以接受吧。

上司有錯時，不要急於糾正。最好不要出聲，事後再予以彌補。如果確實沒什麼大的問題，可以假裝倒杯水，或者遞個小紙條，低聲耳語幾句，都是很好的辦法。如果你不看時機，隨意張口，不僅無助於他們的改變，反而更讓他們護短，還會把壞脾氣轉移到你的頭上。

在事後，可以在一對一的情況下，委婉地向他提出問題。大多數的主管其實還是有一定水準的，只要你說的在理，方式又比較合適，他們大都會接受。就怕你說的沒道理，又不分時間場合，讓他們丟了面子，這樣不但達不到目的，反而可能會給你帶來麻煩。記得在交談時要注意他的反應，一旦看到他有不高興的樣子，馬上就該終止。話點到即止，切不可再三重複，那樣也免不了與你為難，把你當成仇人了。

適當地對主管「忤逆」，幫助他們改變自己的錯誤，既是對主管的一種關心和愛護，同時也是對你自己的一種幫助。有了這樣的相互幫助，你在公司中的地位無疑會大大提升，在公司的發展前景就更看好了。

08讀懂主管的眼神，看懂他們的心思

毫不無誇張地說，有的時候，主管的一個眼神、一個微小的動作，都要掌握才行。為什麼這樣說呢？這是因為只有透過對這些細節的了解，才能夠發現他們內心的真實想法，才能夠與他們很好地相處，從而幫助你實現自己的目標。

一位年輕人，他所在的公司是一家家族企業，由於今年的業務重心轉移，他所在的部門業務開始走下坡。這時，公司還有另外一個專案，老闆比較重視，投入很大。他也很想做，但是老闆並不想把專案完全交給他，在讓他參與這個專案的同時，還要他每一件事都得向上一級主管報告。而上一級主管正是老闆的親戚，很圓滑，處處都聽老闆的話，但唯獨不把下屬放在眼中。

在這樣的環境裡，年輕人覺得自己很憋悶，自己的能力根本得不到發揮。可是又不想離開，畢竟自己剛來不久，一到別處，又得重來，但是總這樣耗著，也不是事啊。

可是，該怎麼辦呢？

當他把這種情況告訴我的時候，我給他分析：「你的老闆可能正在衝突之中，因為你是在一個家族企業，對外人的信任度本來就比較低，你又是新來的，這樣老闆對你缺乏信任是很正常的。但老闆可能又想重用你，因為你的能力很強。所以他才安排了一個人來管你。雖然他的能力不如你，但是他聽老闆的話，能夠讓老闆放心。」

最後我告訴他說：「遇到這種情況，你只能夠忍，直到你的能力被老闆完全認可了，他完

全信任你了，你才能夠有施展的空間。」

實際上，很多老闆的意圖總是猶豫不定的，如果你不注意觀察，就很難理解。

有一位年輕人，到一家企業工作。工作之後，發現自己這一段時間很清閒，主管一直沒有給他安排任務，只是要他看各種材料，熟悉工作。就這樣過了半個月，還是一點動靜都沒有，這讓他很著急，不過很快他就意識到，其實老闆最近正在猶豫之中。公司裡有兩個專案，投入和回報差不多，但是方向差別很大。公司的人力不足以同時應付兩個專案。所以老闆也沒考慮清楚到底該抓哪一個。

這時，這位年輕人根據自己的經驗，為老闆提出了建議。老闆一聽，覺得很有道理，立即就採納了。這樣，不僅專案取得了成功，他也得到了重視。

暢銷書《杜拉拉升職記》中寫道，杜拉拉在上任以後，要定期向上級主管報告在廣州的工作，但由於主管不在廣州（在上海），報告就只能夠透過電子郵件的方式。剛開始，由於報告時採用的報告格式與上海的不同，所以總是招來上級的不滿，甚至還打電話罵她。後來她學乖了，對廣州和上海的報告進行了分析，採用了更先進的上海的格式。這樣，上級就對她滿意了，再也不對她指手劃腳了。

許多職場中的年輕人，剛開始工作時都是野心勃勃，每天都在想怎樣才能夠創出一番事業。然而事實有時候卻讓他們倍感失望，遇到這種情況，最好的辦法就是去了解主管，這時你往往能夠發現主管在考慮什麼，這樣才能夠找到自己的突破口。

一個在職場中取得成功的人，必然是能夠及時發現別人心中所想，能夠準確地揣摩到他心思的人。發現主管的心中所想，往往會讓你目標明確，有的放矢，更容易取得成功。

09不要與主管發生正面衝突

在職場中，有什麼問題一定要本著就事論事、減少衝突的方式去解決。與主管直接發生衝突，往往是最不明智的行為。

一位在一家外商工作的祕書，因為主管出門了，怎麼等也不見他回來，於是下班後她徑自回了家。沒想到，主管沒帶鑰匙，回來後發現進不了門，於是便火冒三丈地透過郵件把她罵了一通。這位祕書也不是一個好惹的人。她對總經理的指責毫不接受，憤而在電子郵件中進行反駁，然後又轉發給公司所有的同事。這封郵件後來不斷被人轉發，在外商中流傳開來。這位祕書一時成為焦點人物。

這位祕書的勇氣固然令人佩服。但是在生活中，面對同樣的情況，不能這樣簡單處理。因為在主管面前你畢竟是弱者，無論你怎樣與他爭，你的「生殺」大權還是決定在他的手中。一般來說，與主管意見不一致時，一定要保持冷靜，積極尋找合理的解決辦法。緩和氣氛、澄清問題、積極尋找解決問題的辦法才是正確的選擇。

與上級產生分歧時，一定要讓自己平靜下來

一位朋友，星期天加班輸入人事報表，但是主管打電話讓她把薪資報表也一塊輸入。大家都知道報表都有上報期限，主管要求她把薪資和人事同一天上報，她實在是無能為力，就跟主管實話實說，可是主管卻認為她在推脫，不管三七二十一就把她罵了一頓，這讓她十分惱火，和主管大吵了一架。可是事後，自己也覺得不妥當。

雖然主管的要求可能是不合理的，但與他們大吵大鬧就是明智的嗎？與主管相處，不能完全按我們自己的想法來。如果確實不想聽他的，那麼可以把自己的想法保留，但是表面上至少要聽從他們，然後再找機會溝通，如果直接表示不服從，甚至當面頂撞，以後再想溝通就很難。

真誠溝通

既然是工作，那麼最有效的方式就是想辦法溝通。既然是下屬，那麼就應該直接去找他們，與他們交流時坦白地講出你內心的所想，讓他們感受到你的真實想法。當然把你面臨的困難也要一一講出來，讓他們明白你確實面臨窘境，而不是在推脫，這樣他們才會正視你的問題並幫助你。

最怕的就是那種有了問題也不去溝通，然後一個人悶在肚子裡，這樣你的情況誰也不知道，誰也不同情你，最後你一個人只能把所有的苦水都往肚子裡吞。主管還會覺得你這個人太擰，把你歸在「難以管理的搗亂分子」的行列。與上司發生衝突後一定要坦誠相對，想辦法溝通，否則對你以後職涯的發展沒有任何好處。

所謂解鈴還須繫鈴人，當與主管發生衝突時，一定要回到問題上來

如果是因為工作中的分歧衝突產生不和，那麼一定要回到問題上來，透過工作來解決。

一個女孩子，性格比較倔強，又容易衝動，因為工作中的一點小事沒能忍住和主管吵起來

了，還牽連了一位同事，讓她一起受過，又被其他一些同事看到，想到可能帶來的後果，她不禁非常擔心和後悔：「如果這些事情沒發生該有多好。」這時，該怎麼辦？

如果確實是因為工作中的分歧產生衝突，這時最好的辦法就是回到問題上來。

你要分析一下你和主管的意見不同出在哪裡，然後換一個角度出發，用探討的心態把你的想法表達出來，這樣即使是再蠻橫的主管，也不好意思繼續對你施壓了。與他們一起回到談判桌上，這時你就主動了。不會再因為個人衝突影響你的工作。

要記住一點，在工作中與主管有分歧是常見的，但是不要讓它成為導火線，破壞你和主管之間的融洽相處。積極溝通，主動化解，越早解決衝突，對你越有利。也許，還可能以此為契機，讓你成為主管心目中可以信任的人。這樣就改善了你的處境，為你贏得成功發展的良機。

10 與主管親密，但要有間

與主管相處，既要親密，與他們像「最好的朋友」一樣相處，這樣才能夠在工作中結為密友，在關鍵的時刻他們才能幫助你，但是又要時刻保持足夠的距離，因為主管畢竟是主管，「伴君如伴虎」，再好的主管，也不可能永遠都是你真正的朋友。保持這種謹慎的態度，當你們因為工作產生分歧的時候，你才可以適時地轉移。

有這樣一個案例，有一位年輕人，二十來歲，能力很強，又聰明伶俐，做事特別幹練，討人喜歡。一入職，跟這個好，跟那個好，跟主管當然也不例外。很快就與公司裡一位年長的主管打成一片。這位主管人到了中年，親人孩子都不在身邊，再加上工作上的需要，幾乎就把他當成自己孩子一樣。這位同事也有義氣，在生活上無微不至地照顧著他。這樣，兩人的關係走得很近。

但是好景不長，沒過多久，兩個人一同負責的專案完成了，那位主管覺得兩人以前關係太密，讓人風言風語，再加上自己有了新的任務，不再像以前那麼需要這位年輕人了。這樣，他對這位年輕人的態度很快就冷了下來。

與主管相處，一定要保持足夠的距離，親密歸親密，但是要學會分清你我，知道自己與主管是不同的，你和主管不可能總是「同一條戰線」上的朋友。這樣才能夠很好地保護你自己，選擇有利於自己的發展方向。

作家李敖曾經提過一個「懸崖理論」：假設有一天你到郊區散心，突然看見前面寫著「小心懸崖」的警告牌，美景在前，請問你是走到懸崖邊探視，還是就此止步？通常情況下人們都會恐懼，與真正的懸崖保持距離，但也有少數人因為太好奇，不知道收住自己的心，結果走到邊上，一不小心滑了下去。

與主管相處也是同樣的。職場中絕不是風平浪靜的，可能今天你還感覺風和日麗，但明天就可能是雷雨交加。只有在平時與主管保持足夠的距離，在關鍵的時候才能夠避免這些問題的發生。

有這樣一個笑話，說的是美國著名的影星卜合。越南戰爭期間，他經常被派到越南前線慰軍演出，有人就問他：「你經常拿總統、議員、州長和其他大人物開玩笑，怎麼從沒出過問題？」「沒出過問題？」卜合反問：「那你想想，我為什麼會被派到越南來？」

某位同事，年齡不大，想法超多的。也許想早點晉升吧，因此與主管的關係十分密切。主管冷了，去買熱茶回來；主管熱了，去買冷飲回來，可以說對主管關懷備至了。但是主管仍然不喜歡他，他心中不明白，不知道為什麼會這樣，有一天就問：「我這麼努力，為什麼你還不喜歡我呢？」

主管的回答是：「因為你離我太近了，整天纏著我，讓我很煩。」

想想，得到這樣的回答，是不是很出乎人的意料。

正確的做法是既要讓他們感到你的好意，又不要讓他們感到你的壓迫感，這樣才能夠保持一種愉快融洽的關係。

現在許多主管為了籠絡人心，經常會與下屬一起娛樂，或打牌、玩遊戲，或吃飯等。即使是這樣，你也不要以為他們真的是把你當成自己人了。別忘了，他終究是你的主管，最終你們未必能夠成為同路人。

尤其注意不要向主管說到你的個人隱私。

某位女士，應徵到一家品牌汽車營業所工作。經理是一位四十多歲的中年人。也許是感情空虛，生活比較寂寞吧，有事沒事的就找她聊天。一開始她也沒在乎，什麼都說，甚至連自己家中的事也說了很多，還說到她和老公關係不好，總是吵架。知道了這個以後，經理就更關心她了，請她吃飯不說，還經常給她打電話。其實，她對家庭很忠誠，對主管更沒那個意思。想想出現這樣的事情多不好啊。

與主管相處應盡量避免談到個人的隱私，因為隱私畢竟是生活話題，與工作是無關的，它們把你們之間的關係弄得很複雜，讓主管對你產生疑慮。

概言之，對於主管我們要忠誠，但絕不能連自己的保留空間都沒有了。人們常說，與主管親密，但是一定要有間隔，就是這個道理。在緊密地站在主管旁邊的同時，又要保持足夠的獨立性，這樣你才能夠在激烈的職場競爭中保護好自己，避免捲入無謂的紛爭中。

11當主管受挫時，要表示關心和支持

人生不如意事十有八九，沒有誰一生都是一帆風順的，在一個人遇到挫折時向他伸出援手，就比其他時候的幫助更能被對方感激和銘記，並且也會被對方看成是自己真正的朋友。對於主管來說更是如此。因為主管在生活中往往承擔著較大的壓力，常常有很多不確定性，如果你能夠在他們困難的時候幫助他們一把，他們更能夠對你「感恩戴德」。

有一位企業家朋友跟我講過這樣一個故事。

他原來在國外讀大學，畢業以後就在國外工作。剛畢業的時候，由於只是一名普通的工作人員，再加上也是拿外卡工作的，有很長一段時間都得不到認可，只能在公司的邊緣職位上做一些事情，得不到重用。他留在國外，本來是為了爭取更好的發展機會，但是沒想到反而被人排擠。這讓他很惱火。但是沒想到不經意間的一件事情改變了這種情況。

當他事業處於低谷的時候，他的事業主管也正處於事業的低谷期。因為公司業務調整，他

所在的部門不如以前受重視了，這位女主管隨時都有可能被解職。看到這種情況，公司裡很多人覺得她可能沒有前途了，沒什麼價值了，都不像以前對她那樣熱情了，甚至見了面都不願意和她說話。只有我們這位朋友，本著善意，還對她保持著足夠的尊重，雖然她很有可能會離職，但仍把她看成是自己的朋友，在每一件小事上都盡心盡力地維護她，每次見到她的時候，仍然親切地打招呼。得到這樣的對待，這位主管當然很感激。

讓很多人都沒想到的是，此後不久公司的業務得到了轉機，這位主管主持的工作又成為熱點。這樣，她不僅事業發展問題得到了轉機，而且被調到了更高的職位上。當然，對於這位曾在她困難的時候一直支持她的人，她當然不會忘記。她用自己的權力為他調派了新工作，把他安排一個很重要的職位上，就這樣因為對別人的一次善意的回報，他的工作才有了新的起點。

生活中常常有這樣的事情，由於這樣或那樣的原因，昨天還威風凜凜的主管，可能轉眼之間就成了人人躲避的對象。這時該怎麼做？是該逃避他們嗎？其實，越是在這個時候，我們越該幫助他們，幫助他們渡過難關，不僅是出於朋友之間的情誼，而且對於我們自己的發展也是一種累積。

再有這樣一個真實的故事：有一位公司的高管，因為自己的工作失誤，他負責投資的專案血本無歸，為此公司裡的人都對他很憤怒，因為他影響了整個公司的事業。他為此承擔了很大的壓力，每天一到公司，都有一種沒臉見人的感覺，恨不得躲到辦公室裡再不讓人看到。這個時候，有一位同事看到他垂頭喪氣的樣子，就安慰他說：「沒什麼，失敗了再重來，也沒什麼大不了，誰能保證沒有這樣的時候。」其實也不能說這是多麼熱情的話，只是出於關心和同情說了一句，沒想到這位主管卻記在心上了。不久之後，情況突然發生了變化，那個專案因為本身有技術、有潛力，又得到外方的投資，起死回生、重新啟動，而且因為外方的參與，技術和管理都提高了一個層次，很快就成為公司的明星專案。想想當初他失敗時的樣子，誰能想到會有這一天呢？就這樣，他的情況完全改變了，再不是「罪人」，而是人人景仰的風雲人物。面對那些曾經對他指手劃腳、現在又對他熱情十足的人，他大都淡然處之，唯獨沒有忘記的就是那個曾在他困難的時候安慰過他的人。就這樣，這位曾經安慰過他的同事，從一位普通的工作人員，被他調派成為他的副手，升上了公司的中高層管理職位。

所以，即使你的主管正處於困境，也不要因此拋棄他，而是應該多關心他、安慰他，就算暫時不能改變現狀，但至少可以給他一份信心。當他再次成功的時候，當然不會忘記你。

有的朋友，一看到主管不行了，馬上就產生了動搖，不知道還該不該繼續支持他、幫助他，又怕牽連了自己。其實這種擔心沒有必要，幫助別人也不一定是要你傾情投入，適當地幫助一下別人，把你的好意傳達過去，往往就可以起到很好的效果。

當然，在表達你對主管支持的時候，要弄清事情的原委，要恰到好處地幫助他們，但不要太過分。在他們還沒離職時，要盡量做好你的工作，不要怠慢他們，表現出你的基本禮貌和對他們的尊重，這樣他們在心中就會尊重你、在乎你。

所以，在主管甚至是平常人遇到困難的時候，一定要與他們站在一起，盡可能地幫助他們渡過難關，這不僅是一種友誼和幫助，也很可能會為你贏來事業發展的轉機。

12 該離開的時候，一定要離開

很多時候，適時離開主管，是對自己的保護。

人們常說「伴君如伴虎」。與主管相處也是這樣，和主管關係最好的時候，往往就是危機四伏的時候，甚至可能「樂極生悲」。

有一位年輕人，寫信給我，焦急的問：

前輩您好！這段時間我一直被一個問題所困擾，就是最近我現在的頂頭上司對我一直比較冷淡，不理不睬的，其實我們以前的關係一直很好，他曾經給過我很大的幫助，但是現在可能是我成長起來了，經驗和能力與以前比都完全不一樣，對他的依賴不那麼強了，他可能覺得我威脅到他，對我就不像以前那麼熱情了，甚至有的時候還故意對我發脾氣，好像在責備我，讓我很不好受。有時很想離開他，也不缺乏這樣的機會，但是他畢竟曾經在我很困難的時候幫助過我，在這時離開他對嗎？

對此，我的回答是：「當你的事業前途出現轉機時，一定不要猶豫。雖然他曾經幫助過你，但是也不能因此而耽誤你對事業的追求。生活並不是為某個人而活著的。當你發現生活中的某個人不適合你時，應該選擇離開。」

坦率地說，沒有哪一個主管是能夠讓我們跟一輩子的。主管也有自己的打算，當他們發現你可能不再是他們需要的人時，他們也會有新的選擇。如果發現主管不喜歡你，甚至故意與你為難，那麼該撒手的時候就要撒手。留在此處，只會讓你的心情沉悶、情緒低落，對自己的前途更不利了。

在美國有一家著名生物制藥公司叫「基因科技」公司。他的創始人羅伯特．斯文森，在成名之前，只是在一家小型生物制藥公司工作，雖然有著出眾的才華和能力，但是他並沒有得到重用，相反上級只是給他安排了一個很平常的職位，讓他幹一些無足輕重的工作。這讓他很不滿意。於是他跑到公司的高層那裡，對他們說：「如果你們不能夠給我提供一個更好的職位，我就辭職。」公司的高層們對他根本沒在意，只把這他的話當成玩笑，甚至對他說：「你能把眼前的工作做好就行，不要想得那麼遠，你的能力根本不足以做那麼多。」

聽到這樣的話斯文森很生氣，他意識到，如果自己不去積極地採取行動，那麼不可能有人重視他的，於是他果斷採取行動，此後沒幾天他就遞交了一份辭呈，然後開創了自己的事業。沒有了以前的種種束縛，他的能力反倒能夠發揮出來。在他的主導下，他的新公司很快就在美國市場站穩腳跟，幾年後這家公司也成為全球最大的生物科技公司之一。

所以，當你發現你現在的主管確實不適合你，不能夠再幫助你，應該在合適的時候選擇離開。雖然他們曾經是你的領路人、合作者，甚至曾經像父親和兄長一樣關心愛護你，但是人畢竟是要長大的，當你有了新的目標、有了更好的施展自己才華和能力的機會時，一定不要錯過。如果這時還選擇呆在一起，只會讓你的能量白白浪費。

一般說來，具備有遠見卓識的主管，注重個人修養，有恆心，有毅力，能夠堅持到底，能夠培養和發展下屬。對於這樣的主管，一定要緊緊抓住，跟隨到底。不過這類人雖然有，但是比較少，常常可遇不可求。

另外，有一些主管，有理想，有道德，渴望成功，關心下屬，身先士卒，雖然能力方面差一點，但也還算是不錯的老闆，可以考慮適當地跟隨。

對於那些平庸、自私，一切從自身利益出發，從不考慮別人的主管，要堅決摒棄。因為他們根本不懂得工作中要尊重別人，還要學會考慮別人，在這種情況下，跟他們在一起，只能夠讓你「竹籃打水一場空」。最終受損失的只有你自己。

所以，要學會離開並且能夠離開，一旦發現主管不適合你，就果斷地離開，對於你，對於他們都是好事，這樣你才能夠在新的天地裡施展自我，取得更大的成功和發展。

13大膽建議，不過要小心地求解

一個好的建議，可能會關係到你的前途，可能會讓主管對你另眼相看。但是一個壞的建議，可能會讓主管「龍顏大怒」，對你信任全無。工作中常常要大膽建議，但要小心地求解。

某位大學生，畢業於一所著名的理工學校，然後到一家私人企業做研發工作。畢竟是公司為數不多的來自於名校的大學生，主管重視，同事尊重，薪水待遇也很滿意。但是工作不久他就發現，公司的管理水準很差，老闆常常說一套做一套，人浮於事，自己的想法常常實現不了。他很著急，想改變這種情況，但是又怕自己的想法一說出來，會讓老闆覺得自己想法太多，甚至視自己視為異己。

提建議給主管是一門藝術，絕不是隨便說說那樣簡單。一般說來，說話的時間、地點、方式等都要仔細斟酌，同樣一句話，在不同的時間、地點、以不同的方式說出來，效果可能會完全不同。

有這樣一個笑話，說公司裡有一天正在開會，主管講到公司的發展前景，從今年展望到明年，越講越高興，在興起之間，無意中把公司的發展目標由增長10%提高到增長20%。其實，公司的人誰都知道這位主管的特點，有時候說話不著邊際。這時有一個人站起來，說：「主管，您說的不對，我們公司根本實現不了那樣的目標，正確的目標是10%。」

這位主管哪受過這樣的「待遇」，臉當時就拉下來了，從此以後，對這位同事處處「關照」，直到有一天把他趕走才了事。

提意見給主管可不是一件容易的事，具體來說給你以下幾個建議。

選擇正確的時間、地點

一般來說，不要當眾提意見給主管，尤其是不要當眾提反面的意見。要選擇一個正確的時間和場合，比如在主管的辦公室或者私下沒有很多人的場合。說的時候一定要觀察主管的表情，發現情況不妙，要立即中止。也可以在平時先旁敲側擊，覺得主管差不多可能認可了，再正式提出來，避免因為一次提得太多讓主管無法接受，對你產生不滿。

要考慮主管可能有的反應

很多人，在跟主管說話時，不太注意他們可能有怎樣的反應。例如，某位年輕人，工作不久發現自己付出的很多，但是得到的待遇與別人相比卻不成比例。於是他就找主管理論，希望能夠實現公平管理。沒想到主管聽了他的話，不但沒有接納，反而大怒。其實，這位年輕人的試用期還沒過，拿的錢比別人少是很正常的。

要注意使用中性語言

多使用那些不確定性的語言，如「您看……」，「是不是這樣更好些……」，「我的想法是……」，等等。這樣的話，往往能夠把可能產生的衝突預先平息下去。尤其是你發現和主管可能會產生不一致的意見的時候，更要多使用這樣的語言。不要讓主管感覺你是在把自己的想法強加給他，否則你的話再有道理，對他來說也是不可能接受的。

不成熟的想法，還不如不提

某位年輕人，看到公司裡的種種問題，很想改變，於是跑去對主管說：「我希望能夠這樣改變……」主管對他的話倒也挺感興趣的，於是就問：「你有什麼好的建議？」可是等這位朋友說話了，他說了半天自己也沒說清，其實他只是看到一些問題，怎麼解決自己也沒想明白。在自己的想法還沒成熟之前，不要隨便說出來，那只會讓人覺得你莽撞、不成熟。

平時要多與老闆交流

如果平時與你的上級、老闆沒什麼交流，關鍵的時候你又想讓老闆聽你的，往往很難。老闆也容易受「漸進式」的影響，平時多交流，關鍵的時候，他就可能想到你。有機會應該多把自己的話跟老闆說，這能夠讓他們看到你的誠意。

換位思考

如果你覺得可能會因為某個問題與老闆產生分歧，從他的角度考慮一下即可。因為訊息的不對稱，你認為正確的意見，在別人眼中可能就是謬論，這可能是你所沒有想到的。如果能夠學會換位思考，就可以讓這個問題順利解決。

總而言之，面對老闆，應該大膽建議，如果你不建議的話，你可能就永遠沒有被認識的機會，但一定要小心求解，說話要謹慎，態度要真誠，方案要明確具體可行，讓他感到你的謹慎，能夠幫他解決問題。這樣，他才會信任你，你們的關係才能夠融洽。一旦你們建立了良好的關係，在關鍵的時候他自然就會想起你、任用你，你成功的機會就大大增加了。

第五部分

女人要學會單純，這樣才能抓住男人

01職場女人更要注重自己的魅力

在我的訪問者中，幾乎有一半是女性。她們或者打電話給我或者發郵件，有的甚至乾脆直接來找我，說：「職場真是複雜，既要應對複雜的人際關係，又要考慮工作，還要考慮自己的感情問題，更主要的是，有時候還要防備老闆和色狼的騷擾……可真是麻煩。」

人們常說「做人不容易，做女人更不容易，做一個職場女人更是難上加難」。的確如此，職場中的女人，面臨著家庭、感情、事業等多方面的挑戰，壓力確實不同一般。那麼，在職場中，作為女人，怎樣才能夠做到既叱咤風雲又千嬌百媚，無論是在生活、事業和愛情哪一方面都能獲得豐收呢？

對此，我建議你，一定要注重自己的魅力培養。女人總是因魅力而存在的。職場中的女人要想成功，也不可能脫離這一點而存在。作為男同事，我認為很少有男人會喜歡那種架著厚厚的眼鏡、一臉嚴肅、正襟危坐的女人。這樣的女人無論再有能力，再有本事，也很難成功。

我認識這樣一位女士，剛剛三十歲，已經做到公司的中高層了，在公司裡做人力資源部門的第二負責人。她跟我抱怨，作為人力資源的副主管，她每天都要和員工、上下級主管打交道，不僅要繃著臉，穿的衣服都是工作服，說的話都是最公式化的，從來不敢讓別人看到自己可愛的那一面。結果呢，公司裡的人給她送了一個外號「鐵面觀音」。想想一位中年女人，被人送上這樣一個綽號，無論如何心中也不能平靜吧。更何況，眼看到了三十歲了，還是單身一人，無論哪個男人與她一交往，對她的評價都是「就跟在家裡挨老媽教訓一樣」，便不再和她來往了。也許是工作使她表現出太多的職業化，不過也不能讓它影響到生活啊。職業中的發展也是如此，升到公司的中高層，就難往上發展了，因為大家對她的印象都定型了，就是一個整天拿著各種資料走來走去的人事部門專員，也僅如此而已。生活中平實的女性往往很難成功。但魅力、事業雙修的人，往往能夠贏得生活的主動。

職場中的女人，要追求事業，但絕不是去片面地追求事業，而是要把你的愛情與你的事業有機地結合起來，這樣你才能夠得到真正的幸福。

所以你一定要注重魅力的培養，具體地說要做好以下幾個方面。

要讓你的形象做定位

在我看來，職場中的女性，首先要表現得端莊典雅，但也不能忽視那些時尚前衛甚至是浪漫性感的東西。職場畢竟是職場，如果在裝束方面太時尚了，會讓人對你有非議。但如果一切都是如此規範，那麼你的個性一點都沒有了，別人就不可能記住你。

比如說我認識的一位培訓師，平時的著裝大都是比較自然大方的工作服，但是偶然也會有一些驚喜，如暖色調的服裝，甚至帶有一點性感，每次看到她的時候，都讓我們有一種賞心悅目的感覺，讚不絕口。相信每一個人都願意與這樣的女人在一起工作。

要注重一些形態、禮儀的培養

我們常說：「形態反映的是一個人的第二語言。」可以說，有什麼樣的形態，別人對你就有什麼樣的印象，尤其對於女性朋友更是如此。即使不能說是「鶴頸貓步」，也要身形端正，形體大方，舉止自然，這樣才能夠讓別人喜歡你。走路或站立時一定要伸直膝蓋，雙臂要收緊在腰的兩則，走路要靠近一側走，見到別人時要打招呼，說話時要面帶微笑，這些都可以讓人打心眼中喜歡你，覺得你是一個親切、可愛、值得交往的人。

基本的社交禮儀也要掌握。比如在辦公室不大聲說話，語調不要太高，與朋友一起就餐時不要搶先入位，吃飯時不要狼吞虎咽，不要用咖啡勺舀咖啡喝。注意這些社交中的小節，會提升你在別人心目中的地位，讓他們覺得你是一個有品味、有情調的人，願意與你在一起。

必要的時候要表現得個性，甚至還要有一定的「小資」情調

雖然有很多人反感女人在職場中過度「小資」，但我並不排斥這一點。適當有一點小資，反而會使人感覺到你沒有「心計」，誠實可愛，更願意讓別人接觸你。比如手裡拿一本時尚雜誌，偶然看看，與別人談論一些影視劇，流行文化作品，適當地購置一些名牌，晚上不要急於回家，和同事們泡泡咖啡廳。把生活中的小資感覺帶到工作中來，會讓人發現你天真爛漫的那一面。當然，這種小資還是要分時間、地點的，比如在別人都很忙的時候，就不要再輕易談論。

可以適當地幫助別人

女人天生都有一顆憐憫的心，工作中的女人也要充分發揮這一點。我以前有一位同事，工作很久後，鬱鬱不得志。後來公司裡新來一位主管，很能幹，但是私生活上得不到人照顧。我們這位同事知道以後，完全是出於真心，有意無意地關照他，結果那位主管很感激，兩人因此走到一起。這件事在公司中一時成為美談。所以，工作中的女人，不要吝惜幫助別人，在你力

所能及的範圍內，提供一些幫助和支持，說不定在什麼時候那些被你幫助過的男人們會因此感激你。當然，這種幫助要適度，不要太過火，否則也可能因為太近了而收不了手，那也是一件麻煩事。

適當的化妝

女人要學會化妝，我想每一個女人都知道這一點。但是，在職場之中應該怎樣化妝呢？在這一點上，我認為，職場中女人的化妝，不能看成是簡單的塗脂抹粉，而是要與你自身形象緊密聯繫在一起，突出你的內涵、內在你的特質，這樣才是最美的。一般來說應該化淡妝，淺色粉底，化妝後各部分不要太突出，尤其不要有誇張的成分，體現你的大度自然即可，衣著不必是處處名牌，用品也不必是每一件都是奢侈品，關鍵要與你的妝扮相一致。這樣才能夠讓別人記住你。

當然，在特殊的場合也可以有一些「疏漏」，比如換一種個性的服裝和飾品，甚至化妝和髮型也可以改變，有這樣的反差，往往讓人感到你這個人有趣味、不無聊。

要注重從性格上培養自己

大方自然沒有特定的規範，只是朦朧中的一種感覺。在職場中，一般來說還是大度自然的女性更有人緣。這種魅力雖然是無聲的語言，但絕對不輸給任何外在的表達，只要注意好好訓練它們，你就一定能夠成功。

注意一定要學會微笑

女人的微笑很重要。無論待人接物還是生活中短暫的交流，女人要學會善用微笑去沖淡緊張的氣氛，然後你才能夠把握生活的主動權。

有了魅力的培養就會發現，在職場你會像一塊磁鐵一樣，緊緊地把你周圍的人吸引住，那時候你再想實現什麼都不難了。

02既要深藏不露，又要優雅大方

在職場中，女人往往要採取「守勢」才能取得成功。

有一個故事，說有一位英俊的先生和一位才貌一般的女士去面試。但最後成功的卻是那個很一般的女士。要問她怎麼成功的？她的回答：「其實我什麼都沒做啊，只是在一旁安靜地看著，然後在他（另外一位先生）說完話的時候，補充一下自己的觀點。」結果呢，因為這一點，面試官司認為她雖然不那麼漂亮，但是溫柔體貼、很可人，所以一下子就決定用她了。

你可不要把這個完全當故事來看。

經常有人問我這樣的問題：「女人怎樣才能夠在職場中生存？」對此我的回答是：「一定要學會含蓄，這樣才能夠保護自己。」客觀地講，職場女人基本上是處於「弱者」的角色，無論你怎樣努力，都很難得到別人的直接承認，這時還不如採取另外一種方式——守勢，這樣反而能夠讓你成功。

職場中的女人很難像男人那樣拋頭露面，征服別人。

先說她們的劣勢吧。

首先，女人的一大劣勢就是她們的性別。無論你怎樣看待，職場中的性別歧視總是存在的。我們經常看到這樣的女強人，工作很突出，但是公司就是不重用你，無論你怎樣努力都沒用，這就是職場默認的一種規則。職場需要「女強人」，但是男人卻需要「弱女子」。無論你有多麼堅強，最終也會被男人打擊排擠。

再者，女人相對感性一點。

職場有時就是戰場，需要的往往都是男性的思維。而女人，由於天生的感性與心軟，往往在這方面能力很弱。關鍵時候下不了決心，該當機立斷的時候卻遲疑，結果受害的往往是你自己。

事業與愛情對於女人來說更是一個無法逃避的選擇。

男人可以一輩子談論女人，而女人到了一定年齡則必須鎖定一個男人。對於多數女人來講，事業與愛情往往無法兼顧，這是一個無法逃避的現實。女人必須考慮家庭，這些都使女人在競爭中處於不利的位置。

還有就是一些女人自身的問題，如性格上愛計較、嫉妒，容易與別人發生爭執，往往因為一些小事失分，在大局上也把握不住。

那麼，對於女人來說，有這些「先天」的不足，又想取得事業與生活的雙豐收，該怎麼辦呢？

我只能告訴你，要學會觀察，既要深藏不露，又要優雅大方，保護自己，同時又要伺機待發。這才是正確的選擇。

在職場中，女人是不宜先發制人的，因為天時、地利、人和都不一定是屬於你的。男人總要統治這個世界，而女人大都只能在他們背後看著他們。這時要選一個正確的位置，觀察好了，然後在正確的時候做出選擇，往往可以使你成功。

比如我了解的一位女士，在公司中多年以來，都沒有得到提拔。原因在哪裡？就在於她的老闆很不重視她，儘管她業績突出，但是因為她是女人，所以沒有人把她當回事。老闆看到她的成績，還警告她：「你不要有太多的想法，好好做一個女人就行了。」我們這位朋友當然很生氣。此後不久，公司因為一筆業務處理不當，壞帳太多，面臨解散的命運。由於她平時比較溫柔可人，善於調解，這時反倒發揮了關鍵作用，在公司主管中間周旋，又用自身的努力為公司爭取到現金。結果，讓公司起死回生。原來瞧不起她的那位主管現在見到她也只能點頭稱是了。

職場中的女人雖然有很多不利之處，但是同樣有很多屬於她們自身的獨特的武器，如寬容、理解、大度、體貼，這都會使她們在建立人際關係時更細膩、更容易成功。所以很多老闆都喜歡在公司中的重要職位上安排一些女性，這樣往往有利於公司中人文環境的建立。

所以說，在職場中女人並不是沒有機會，而是要選擇用怎樣的辦法去利用你的機會。自然大方，深藏不露，保護自己，伺機而動，然後你就會有機會了！那時，你的目標就可以實現了。

03 有個性，但不張揚

什麼是個性？簡單地說，個性就是你的獨特性，你與別人的不一樣之處，或者說屬於你自己的獨特的魅力。

《心理學大辭典》中說，個性就是一個人在思想、性格、品質、意志、情感、態度等方面不同於其他人的特質。

想想，如果在這個世界上，只有一個樣的人，那麼這個世界多麼無聊。可以說，正是因為有了各種各樣不同的人，我們這個世界才顯得如此豐富有趣。

女人更要有個性，不僅在婚姻家庭中，在職場中也是如此。

在婚姻家庭中，有個性會讓你顯得更加天真可愛，你的家人會把你當成寶貝一樣，因為他們會覺得你給他們帶來了許多快樂。在職場中，也要有個性，因為職場中的個性，會突出你的特點，讓你周圍的人更喜歡你，使你的事業更加順利。

女人在職場中打拼，只靠業績是行不通的。業績固然重要，但是真想在男人輩出的職場環境中脫穎而出，你就只能使用你作為女人的那一面，也就是個性。

比如一身簡潔明快的職場裝扮，即使不能做到讓人過目不忘，但是如果稍加注意一點，就可能讓你變得更加引人注目，讓更多的男人對你回頭。

比如率真的談話，真切的言辭，讓每一個與你交談的人都感到如沐春風。

比如親切的微笑，瀟灑的氣質，讓每一個見到你的人都感到溫暖。

個性就是這樣在生活的細節中培養出來的，一旦養成，就會讓你受用終生。

沒有個性的女人，想被人記住，可能性很小。我記得以前有一位外國老闆說過：「職場中的女人，如果不想被埋沒，那麼就只能選擇被人記住。」這句話是很有道理的。

當然個性也不必太過於修飾，一位多年做職場培訓的女士曾對我說：「最真誠的往往就是最有個性的。」正確的做法是真誠、自然，點到即止。只要你是發自內心的，就會對別人產生影響，然後他們就會對你有好感。不要讓人感到矯揉造作而疏遠你。

個性對你的晉升也很有好處。雖然每位主管都會有不同的眼光和想法，但求同存異，還是能找到他們所喜歡的女下屬的共性。對於女人來講，有個性的女人，往往更容易與主管產生共鳴。

但是要注意一點，有個性，但不要過頭。因為個性一過頭，就會成為固執、任性，成為威脅別人的砝碼。

有些女性朋友，不太注意自己在職場中的形象，有時候會控制不住自己，比如表現欲太強，說話不注意，做事過了頭，這些對你的發展都沒好處。這樣的女人會讓人感到性格不夠內斂，容易讓他人留下許多把柄，成了男人排擠的對象。對於女性朋友來講，要適當地展現自己，但不要因為自己的個性衝撞他人，凡事都恰到好處，這才是最好的。

在男人眼中，職場中的女人，既要個性張揚，又要謙虛可愛，嬌小可人，這才是他們最喜歡的。雖然，我不贊成女人一切都為男人活著，但是這種職場的眼光還是要有的。

世界著名的富豪比爾·蓋茲曾經說過，他一生之中最敬佩兩種人：一種是不辭辛勞的人，這種人可以無怨無悔、勤勤懇懇地工作，用自己的雙手創造出屬於自己的天空，活出做人的尊嚴；另外一種就是為了別人能有一個獨立的、豐富的精神世界而追求和探索的人。他們的工作不是為了一日三餐，而是為了增加生命的養分。他們都是有價值的、令人尊重的人。

女人，要想獲得別人的尊重，就要保持你自己的獨特性，活出你自己的一片天地來，這樣你才能夠成功。

04有天使的外表，還要有魔鬼的內心

什麼樣的女人能夠成功？我告訴你一點，你一定要牢記，那就是集「天使」與「魔鬼」於一身的女人。

所謂天使，就是性格乖巧可愛，處事落落大方，讓男人對你興味十足。

所謂魔鬼，就是行事果斷老練，該出手時就出手，絕不讓男人小看妳。

七年級的李小姐，父母都是中層管理者，她在家排行老三，上有哥哥和姐姐，從小受父母的教育，可謂是性格乖巧可愛。大學畢業以後，應父母的要求，回到父母身邊，進了當地銀行工作。這無疑是一個熱門職業，工作不累，待遇又高。可是工作一久，她發現最開始的新鮮感完全沒有了，有的就只有無聊和疲憊。這個在外人看起來很不錯的單位，在她眼中卻是一灘死水。這種大型單位的體制很死板，一向被人認為是高材生的她，感到自己始終沒有在工作中施展自己的空間。當然，在工作中她是乖巧的，八面玲瓏，左右逢源，因此在人際關係方面是沒

問題的。不過，這並沒有減少她對現實的失望。

儘管如此，她還是一直按照父母的教導，默默地工作，注意打點好各方面的關係，因為她相信只要自己堅持下去，成功一定會到來。

就在這時，機會來了。公司因為業務發展，需要有一個人派駐到歐洲的業務部拓展工作。這對單位裡很多常年守在自己職位上、早已經厭倦的人來說無疑是一個好機會。李小姐當然也不想放棄。不過，她又想，自己剛來，沒有什麼資源，又沒有什麼背景，會輪到她嗎？在許多女人看來，這也許是想都不敢想的事情。不過，她卻行動了。因為平時與各方面主管有著很好的關係，這給了她許多信心。她為自己準備了很充分的材料，同時在公司內積極走動，為自己造聲勢。結果，因為處事果斷，風格「狠辣」，性格上又乖巧體貼，把很多主管都征服了，很多主管都站到了她這一邊。其他人一看到這種積極的態度，有不少自動退出了。

雖然她並不是最有競爭力的，但是在最後的競爭中，她脫穎而出，戰勝了別人，成為公司裡唯一一個被選中的工作人員。

這樣的經歷，對於很多女人來說，可能是想都不敢想的事情，但是她卻做到了，靠的是什麼？就是平時的累積。乖巧可愛的性格，為她累積了人氣，在關鍵的時候又敢於出手，處事果斷老練，結果一蹴而就，取得了別人想都不敢想的成功。

女人的性格，本來就具有很強的兩面性；一面是天使，天真可愛；另一面則是魔鬼，老練「狠辣」。但很多女人並沒有注意到這一點，不是太天真、太可愛，成為人見人捏的軟柿子，就是成為「辣手觀音」、「職場霸王花」，人見人怕，同樣也不能成功。正確的辦法是既要發揮你天使的那一面，使你風度翩翩，讓每一個見到你的人為你著迷，為你喝彩，被你深深地吸引，又讓你魔鬼的那一面，在必要的時候迸發出來，掃清一切阻擋你的障礙，讓你取得成功。

對於女人來說，一定要具有這種兩面性。

學會乖巧，把每一個人的冷暖看在心中。

學會體貼，讓每一個人都對你產生好感。

學會理解，知道每一個人的難處。

學會大度，把那些小問題放在暗處，不讓它們擺在明面上來。

學會自然，大方樂觀地對待每一天。

學會冷漠，對那些你感到厭煩的事情要學會視而不見，不要被它們所拖累。

學會孤獨，必要的時候要忍受挫折與痛苦。

學會放棄，有些人永遠不屬於自己，那麼就痛快地放手，別拖泥帶水，否則不但連累了別人，也連累了自己。

學會冷血，該放手時就放手。

學會固執，該堅持的時候，也要堅持自己。

學會忍耐，承受不了的事情也要忍受，這樣你才能夠成功。

學會堅強，其實你一個人也可以活得漂亮，

學會長大，在失敗中吸取教訓，不能總要別人來扶著。

生活的道路不是一帆風順的通天梯，可以讓你一直爬到頂。

失敗的時候不要覺得再沒指望，成功的時候也不要覺得前面一切美好。把生活看成是烏云與陽光的結合體，但是你要學會選擇怎樣面對烏云。

有了這樣的心態，有了這樣的準備，相信你在職場中無論遇到什麼樣的問題都可以解決。

總而言之，天使的外表，魔鬼的內心，能做到這一點，幸福就會自然到來。

05 遇到喜歡的主管，謹防越過感情紅線

一位小姐來信說：

「不知道從什麼時候我開始喜歡我的老闆。他這個人很幽默，經常會惹人發笑，還不失沉穩，他比我大10歲，但我倆看上去年齡差距也沒有人們想的那麼大。他有老婆孩子，雖然和老婆感情不好，但是挺顧家的，很愛孩子。我以前對他從來沒有什麼別的想法，只是覺得他這個人挺可愛的，但是有一次，我們公司出去聚會玩，跳舞的時候他吻了我。從那以後，我的心就『蠢蠢欲動』了。我知道他對我有意思，但是不知道他是認真的，還是只想玩玩。我現在有一個男朋友，和我的關係也很好，我覺得這樣很對不起他，但是我發現自己越來越離不開我的老闆了。和老闆在一起我很快樂，和男友在一起就完全沒這感覺。可是我又不能離開我現在的男友，因為我知道我們其實也是很適合的。我該怎麼辦？」

職場女人，到底可不可以愛上自己的老闆。對此，我可以肯定地告訴你：「可以，但不能夠輕易越過紅線。」

因為人都是有感情的動物，在工作中朝夕相處，日久天長，產生感情是很正常的事。但不能夠因此就覺得職場就是戀愛的公園了。

確實不乏這樣的故事，一位職場女性在愛上她的老闆之後，苦苦守候，兩人相戀很久，終於走到了一起，過上了幸福的生活。但是，是不是因此就可以毫無顧忌地對老闆發動「攻擊」了呢？

不然，因為我們最終還是要嚴肅地對待感情，更何況職場中的感情總是很複雜。除了私人感情，還有工作關係、物質關係等，有很多方面的糾葛，如果你不學會控制自己，由著自己的想法，很可能傷了別人又傷了自己，遇到這種情況就不好應付了。

有一個朋友，早就跟我說她愛上了自己的老闆，並且做了他的情人有一年了。雖然之前他承諾要跟她永遠在一起，但一年多以來，真正與她在一起的時間沒超過一個月。還要在別人面前表現做一個好員工，在別人面前他們永遠是陌生人，這讓她活得很辛苦。而且後來他又變了心，有人告訴她，他和別人有染。聽到這，她簡直沒辦法活下去了。

職場中的感情，真真假假，虛虛實實，好男人是有，但並不是隨時可以遇到；好老闆也有，但是你遇到的未必就是。所以，正確的辦法是一定要學會控制自己，不要毫無顧忌。「飛蛾撲火」的結果是「自取滅亡」。想想，如果是那樣的結果，多不值啊。

當你遇到這樣的感情糾紛時，一定要保持冷靜，要學會觀察。而且，感情不是單方面的，你還要考慮他是否喜歡你，考慮現實中的生活，當你考慮完這些時，你往往會發現事情並不是像你想的那麼簡單。

很多職場中的感情，只是一時的感情衝動，隨後就有可能相互忘記。如果不想落得受傷的結局，最好能學會保護自己。很多人不懂保護自己，陷入這樣的感情中，鬧得滿城風雨的，最後還讓自己受到很大的傷害。

所以，如果你的感情只是一時衝動，那麼勸你早點離開。畢竟，如果只是虛情假意，再怎樣堅持下去也沒有用，而且在最終受傷的只是你自己。

06 與別人交往要小心感情雷區

毋庸置疑，女人也可以成功。

美國《財富》雜誌曾經評選出的「最有權勢的商界女性」——美國電子商務巨擘 ebay 總裁梅格．惠特曼以數十億美元的資產榮登榜首，她主管下的 ebay 網站，是全世界最大的電子商務網站之一。緊隨其後的是惠普公司的女掌門卡莉．菲奧莉娜，在她的主管下，惠普公司成為世界第一大網路設備供應商，她的主管才能因此得到世界承認，令許多同行業裡的男同僚們也望塵莫及。

所以，女人也可以成功，在很多情況下女人的才華和能力甚至超過了男人。

有不少人認為，女人在理財方面更出色，比男人更會精打細算；待人接物上更真誠、質樸；在管理方面，女性有天生的直覺使她們有著男人無法比擬的理解力；女人大都心思縝密，這使她們做事情比較謹慎、更周到細膩，不容易錯誤；在對事業的堅持上，她們特有的韌勁也能把許多男人比下去。

但這一切的發揮都有一個前提，那就是要積極地交往。社會是一個大群體，在這個大群體中，每一個人都不是孤立存在的，必須借助一定的交往才能夠把自己的才能展開。與男人相比，女人畢竟還是有一些先天的劣勢，因此，往往需要別人的支持才能夠成功。

我所在的公司裡有一位女主管，一次跟我說過這樣的一句話，她說：「做女人很難，做成功的女人更難，為什麼呢？因為你是女人，所以很多人都看不起你。」

她在公司裡的地位曾經很差，按照她說的：「有好處把她扔在一邊，有壞事就埋怨她。」大家都把她當成是一個可有可無的人，但是一有工作的時候，還是要她沖在前面去做，做不好還要責備她。即使付出這樣多，仍沒人重視她，僅僅因為她是一個女人。不過，她也沒有放棄，因為她覺得女人也有自身的影響力，也有自己的機會。有一次，公司遇到一個難纏的客戶，非常挑剔，去了很多專業的業務人員都沒搞定。據她的觀察，這位客戶只是一時心情不好而已，並沒有打算長期為難別人的意思。就這樣，由她出面，與客戶軟磨硬泡，最後把問題解決了。從那以後，大家才會開始重視她，她在公司裡的影響與日俱增，才有了今天。

ebay的總裁梅格．惠特曼，出生於紐約一個富裕的家庭，她是家中三個孩子中最小的一個。在高中畢業的時候，父親本來打算讓她學習醫學，但是母親卻做了一個意外的決定，她覺得自己的這個女兒很聰明，想讓她嘗試一下在社會領域能否有所建樹，就把她帶到自己的一位好朋友梅娜那裡。梅娜是一家醫療企業的高管。在那裡，她給了惠特曼很多鼓勵，告訴她：「如果你想成功，就要拋開你的性別，積極地交往，讓別人的資源為你所用，這樣你才能夠成功。」

聽從了她的勸導，惠特曼放棄了醫學，而是選擇了哈佛大學經濟系作為自己的主攻方向。在校期間，她就因為自己出眾的才華和交往能力備受矚目，成為校學生會的重要一員。畢業之後，因為優雅的外表、不凡的學識，她在金融領域也如魚得水，征服了很多人，最終讓她取得了成功。

所以，女人一定要積極地交往，有了交往，你才能夠將本來屬於別人的資源劃到你的「門下」。

當然，積極地交往，並不在乎你請客花了多少錢。每天走進辦公室的時候，對你遇到的人傳一個微笑，對每一個你見到的人做一個友好的問候，在工作中自然大方、坦率親切，這都是交往的一種方式。成功的交往的關鍵，不在於你用多少時間，費多少心思，而是在於你怎樣在生活中的小事中去經營自己。對於女人來說更是如此。因為最主要的展現自己的方式，可能就在平常生活中的這些小事上了。

當然，要注意一點，就是不要輕易越過感情的雷區。

職場，又是戰場。感情既可能會幫助你，也可能會傷你。對於那些你不感興趣的人，應該遠離，不要過於曖昧，否則燃起的感情會惹火燒身，想躲避也來不及了。

有感情，同時要保持冷靜、親和，但不要越過雷區，這樣你才能夠把握住感情的界限，在職場較量中穩操勝券。

07警惕迷走型愛情

在職場中，對於感情的處理一定要謹慎。

一位小姐，用寫信的方式問我：

和我以前遇到的那些主管完全不一樣，我現在的主管雖然職位很高，但是從來都不講排場，也從不對別人頤指氣使，做出一副官員的模樣。他對人很隨和、謙遜，什麼事情總是徵求別人的意見，但是自己又很有魄力，能夠做得了主，不失大將風度。用一句話來形容，就是『內涵豐富，成熟果斷』。我在他那裡工作了很久，就這麼遠遠地看著他，覺得他滿足了我在過去二十多年來對於一個成熟男人的全部崇拜和幻想。我在單親家庭長大，母親又再婚了，雖然再婚後的家庭還算美滿，但對於我來說，畢竟是有很大的缺憾的。因此多年以來一直渴望有一個年長的男人來關照我。

面對這種情況，我該對他產生感情嗎？

對此，我的回答是：「我建議你一定要慎重。第一，你真的了解他嗎？他也許只是滿足了你的幻想，但不一定真的喜歡你。第二，他有家庭嗎？如果有家庭的話，你們的感情還能夠長久嗎？第三，你準備為這種感情付出多少代價？」

平心而論，在職場中遇到一位知心人，會讓很多人寂寞的生活得到安慰。但是，如果你感覺真的遇到了，還要謹慎。因為現實是殘酷的，感情絕不是只有感覺那麼簡單，它也可能會把你帶入陷阱裡。

某位女士，喜歡上了一個公司新來的年輕人。他聰明、活潑，到公司之後，與每一個人都打得火熱，與我們這位女士也不例外。兩人一來二去就好上了。但是，年輕人的熱情來得快，去得也快，有過幾次親密接觸之後，年輕人的熱情消退了，對她再不理睬，還到處傳言他不喜歡她了，因為她有種種缺點。結果公司裡的人都在傳這些事情，讓主管知道之後，影響很不好，尤其是影響到了這位女士在公司中的發展。

所以，在職場中，遇到你感興趣的人，一定要謹慎。因為職場中的感情往往牽涉到很多，絕不是相互喜歡那麼簡單。就算是他真的喜歡你，但由於現實的種種阻力，你們也不一定會走到一起。更何況，他對你的感情，可能只是一時之需，遠沒有達到可以投入全部的地步。所以，這時一定要謹慎，不要覺得這就能夠代表你的一生。

職場中有很多男人可能會讓你迷失。

比如這樣的男人，他的年齡或許已經可以做你父親了，但是他具有一個好男人的一切優點：成熟穩重、閱歷豐富、風度翩翩、細緻體貼，領悟了無數的人生真理等。與他們在一起，你會有一種強烈的安全感。但是要提醒你的是，你的安全感能夠維持多久？

再比如這樣的男人，他們可能本身學識並不豐富，也並不是很有風度，但是他有一雙能夠洞察一切的眼睛，體察一切的心靈，他很善於捕捉你的一舉一動，然後滿足你的要求，讓你在無形之中就對他產生強烈的依賴感。但實際上，你可能還沒完全了解他，只是為他的一時關懷所感動，並不是真的對他動了情。

又比如這樣的男人，他們很有魄力，很專注，有點大男子主義。他們一旦決定向你進攻，就不管你是否願意，把一切都替你安排妥當，然後要你服從。面對他的熱情，你幾乎沒有什麼抵抗的餘地，幾乎一切都在他的計劃之中，可是這樣下去，你還能保護自己嗎？

在職場中，處理感情一定要謹慎。因為你畢竟是在別人的「屋檐」下，感情雖然美好，但更是現實的，不能夠因為迷上別人就忽視了現實的因素，不讓自己失去理智，要保持足夠的頭腦。否則，成為迷走型愛情的犧牲品。那時，想後悔也沒用了。

要學會把感情和工作進行很好的區分，感情要謹慎，工作更要做好。這樣，即使不能成為愛情達人，至少也可以成為職場達人。你才不會因為感情的衝動而受到懲罰，才能夠成功地駕馭職場。

08 學會「體貼」，這是女人最好的法寶

經常有女性朋友問我，怎樣才能夠在職場中打動那些男同事的心？職場中有些男人，性格古怪，讓人一看就退避三舍，但有時又很想與他們交往。這時該怎麼辦好？

在我看來，她們之所提出這樣的問題，是因為她們忽略了作為女人的優勢。

有這樣一位女孩子，年齡不大，性格很乖巧，只是一個文祕，但身處的位置並不重要，大家都喜歡她。為什麼呢？就是因為她的體貼。比如天冷的時候，她會提醒大家天冷要多穿衣服，下雨的日子告訴大家要注意帶雨具。春節、假日，她總是第一個發出祝福和問候，平時遇到每一個人，總是面帶微笑，讓人一看就感到一陣溫暖。對於這樣的同事，幾乎誰都喜歡，主管更

是如此。為此特意把她調到公司總部室，作行政祕書的負責人，可以說是「一步登天」了。

情感是聯繫同事關係的重要紐帶。女人的性格裡天生又有一種體貼的因子。如果你能夠擅用這種因子，能夠以誠待人、以情動人、以誠感人，往往能夠成功。

你可以從以下幾個方面去嘗試改變自己。

在待人接物的態度上

態度要親切誠懇，行動要自然大方。說話做事本身就有很多感情的傳遞，如果你不注意，過於冷淡或者怠慢，就很可能會在無意之中得罪別人。所以，說話時的表情神態都很重要。自然隨和，充滿親切感，無時不刻不在傳遞一種友好的訊息。這樣，別人就會喜歡你。

說話要謙虛謹慎

比如稱呼對方要用「您」、「先生」這樣的詞；說話不要太直接，比如你想使用對方的某件工具，要用「我可以使用你的……」這樣詢問的語氣；請對方為你做事的時候，要用「方便嗎？能幫助我做一下嗎……」這樣的語句。多用敬語、謙語，把你的良好的文化素養和品質展現出來，給人留下一個良好的印象。

說話聲音不要太大，要適量

有的人說話喜歡大吵大嚷，事情還沒說明白，你的聲音已經把別人嚇跑了。說話聲音大小要適當，語調應平和沉穩。無論是普通話、外語吐字都要清晰，音量適中，以對方聽清楚為準，切忌衝著對方大喊大叫，以免讓人覺得你這個人很沒禮貌。

多使用修飾語

在你不確定所說的內容的時候，可以多用「也許」「大概」「可能」這種模棱兩可的表達，這樣即使你表達得不清楚，也不至於讓別人產生誤解，讓人覺得你並不是有意讓他們不快的。

說話要有分寸，有理有據，不要太快

這裡說的有理有據，就是要尊重事實。職場中，最終還是要回到一個「理」字上來。無論一開始的態度怎麼樣，最終還得以事實為先。如果你覺得自己確實有道理，也不要爭吵，而要心平氣和地表達。如果和別人意見不同，也不能強人所難，一定要別人接受，要善於聽取他人意見、廣納群言。這樣才能夠顯得你寬容大度。

要善於表達，有誠意

說話時要把你的誠意表達出來。俗話說：「良言一句三冬暖，惡語傷人六月寒。」要讓對方了解自己的思想和感情，以一種理解與關懷的狀態感染別人，有了這樣的態度，就可以打動別人。

要適度地幫助別人

體貼，不僅僅表現在語言上，更是表現在行動上，在生活中多關心你的同事，尤其是在許多小事上入手，給予必要的關懷，會讓人對你心生感激、喜歡你，可以為你提升很大的影響力，這可能是很多人平時很少注意的。

最後，再與你後分享一些職場中人說話的技巧。

(1)無論面對怎樣的情況都不要說尖酸刻薄的話。
(2)與人交談要就事論事，不要轉移話題。
(3)交談之前盡量保持客觀、中立，弄清別人的意圖，盡量不觸怒別人。
(4)如果你要加入別人的交談，先要弄清楚別人究竟在說什麼。
(5)以謙卑的姿態面對身邊的每一個人。
(6)多給別人鼓勵，少批評、抱怨和指責。
(7)要學會傾聽，不要說得太多，讓別人多說，你多接納。
(8)盡可能談論別人想要的，知道他們的要求、他們的所想。
(9)不要因為對方是熟悉的人而不注意小節。

如果你能夠做到這些，相信你一定能夠成為一名「體貼」的職場女性，讓每一個人都喜歡你、憐惜你，讓你取得成功。

09發現男人的弱點，必要時要突破他們

蕭小姐是一位身材不高的女子，長相算不上出眾，但是30不到的她，卻是一家規模不小的

中型企業營業部的負責人，統領著數十人的銷售團隊。儘管在長相上並不驚人，但在工作上她卻很有一套，對下屬軟硬兼施，恩威並重，讓下屬們服服貼貼，熟悉的人都稱她「玉面觀音」。

那麼，她是怎麼做到的？

其實，她就是學會「發現」男人的弱點。

男人也有弱點，比如「貪財好色」；比如也怕上級，如果你來硬的，他們也會怕妳；如果妳讓他們穿小鞋，他們也會對你產生敬畏心理；如果妳給他們一點好處，他們也會圍著妳團團轉，要妳為他們做事賣命。這樣，如果你根據他們的心理特點，該強硬的時候就強硬，該給予關懷的時候給予關懷，這樣你也能夠很好地「掌控」他們，讓他們乖乖地聽你的。

在職場中，女人不一定軟弱，男人不一定是強者，女人也有屬於自己的機會。學會觀察男人，了解男人，甚至適時「突破」他們。這樣你也可以有機會凌駕於男人之上。

前美國國務卿的希拉蕊，在剛上任的時候，她的辦公室裡有一位副手，是新聞官，軍官出身，因為軍功顯赫，把誰都不放在眼裡，對她的態度很傲慢。這讓她很是惱火，但她並沒有著急，而是盡顯大將風度，事事都容忍著他。但是不久之後，她又對他採取了「鐵腕」政策。她先是把這位副手調到國外，讓他享受了三個月的清福，就在他以為自己已經把這位「鐵娘子」給馴服了的時候，希拉蕊卻突然來了一個下馬威，立刻又把他調到當時最動亂的中東地區，讓他擔任一線工作。這可把這位新聞官嚇傻了，百般求情都沒用，他還是不得不去了。不過，從那以後，他對於這位上司倒是真的尊重起來了。

女人在職場中，並不是沒有機會。相反，只要妳善於觀察、發現和理解別人的「弱點」，妳也是有很多機會的。即使你看上去很弱小，但是只要抓住機會，即使是男人，也可以拜倒在妳的面前。

職場女人要想取得成功，就要注意以下這些要點。

保持女性特有的氣質

如果妳想與男人競爭，就不能把自己變得和男人一樣。職場中最怕的就是那種毫無女人味的女人，太嚴厲或者太中性，讓人一看上去男不男、女不女，就很難影響別人。相反，如果能夠在眾多男人的天地裡，更像一個女人，反而能夠吸引別人，這就好比我們在一片荒野中看到一株小草一樣。不必像男人那樣處處咄咄逼人，保持妳的清純、美麗、大方，反而可以讓妳更有影響力。

保持和睦的人際關係

女人和男人不一樣，一般來說，在職場中，女人是不能完全靠自己的打拼升上去的，因為女人畢竟是女人，不可能像男人那樣事事衝在前面。可以想一下，拼身體，拼時間，拼精力，無論是哪一樣，你都很難是男人的對手，那麼還拼什麼呢？那就只能拼你的智慧和眼光。女人在人際關係方面有一種與生俱來的天賦，她們更敏感，更善於捕捉別人的需求，這些都足以使她們在職場中呼風喚雨，成為佼佼者。

當然，在發揮妳的女人魅力的同時，也要注意保持自己的「剛性」的那一面。

女人也應該有剛性的那一面，在關鍵的時候一定要表現出來。比如在需要你表達自己的時候，在需要你果斷選擇的時候，在需要堅持自己的時候，該出手時一定要出手。職場中的女人往往被人輕視，一個很大的原因就是在關鍵的時候很容易放鬆，擋不住，但是如果妳能夠在關鍵時刻果斷出手，讓人看到妳剛強的一面，反而能夠讓你得到敬重，為你贏得有利的位置。

必要的時候要與男人結盟

我一直贊成女人在職場中要有一種安全感，也就是說，妳要有自己的盟友，他們可以是妳的同事，也可以是你的上司，不管是誰，妳們之間有一種默契、信任，他們會支持妳、幫助妳，在必要的時候為妳伸出援手。有了這樣堅實的基礎，妳才能夠成功。當然，妳對他們的回報也是明顯的，妳可以用女性的溫柔在職場中遊走，為他們穿針引錢，為他們營造更好的環境。有了這種結盟的關係，妳們就如親密戰友一樣，同進同退，共同創造和把握機會。

還有一點要注意，女人在自身性格上存在一些問題，比如過於敏感、憂愁，遇到困難容易退縮，承受不了太多壓力，性格脆弱，等等。女人在職場中不成功，很多時候是源於自身性格的因素，如果能夠適當改變，自然會對你產生推波助瀾的作用。

看看身邊，成功的女人很多，絕不是點綴的花瓶，在對她們投出羨慕目光的同時，是不是也可以發掘一下妳自身，讓妳也實現同樣的成功呢？堅持努力，你也能做到。

10職場女人也要顧家

女人能夠不工作嗎？對此我的答案是「不行」。因為很少有男人喜歡一個只會說些東家長西家短的家庭主婦。男人大都喜歡那種有一定的獨立性，但同時又乖巧可愛、體貼關懷的女人。女人可以沒有家嗎？答案當然是「不行」。因為很多女人的一生，幾乎就是為家存在的。沒有家，意味著她們的一生都白白度過了。

男人最不喜歡那種頭腦簡單、四肢發達的女人，這樣即使再漂亮也不行。扔掉工作，那麼多年以來累積起來的銳氣和才智全都扔掉了不說，你還可能變得頭腦簡單、反應遲鈍。那時候，可能連家也不是你溫柔的港灣了。

但是既要體面自由的工作，又要維持一個溫暖舒適的家，對於很多女性朋友來說確實感到身心疲憊，難以應對。

一項調查顯示女企業家平均日工作時間是17小時，80%以上的女企業家每天的睡眠時間在7小時以下，超過44%的女企業家幾乎沒有任何娛樂和運動時間。可以說，工作和家庭讓她們感到應接不暇。

常常有女性朋友對我抱怨：「談工作，不順心，回到家裡，更不如意，老公對我頤指氣使，要求我做這做那，對我不滿意，認為我對家庭付出太少，可是工作上的事情又不能放下啊。再說，我可不想將來靠別人活著。可是想到將來，再有了孩子，唉，真的難以想像了，我還能夠工作下去嗎？」

女人不能沒有家，金錢和地位可以讓男人得到滿足，但對於一個女人來講，有這些還不夠，還必須有家庭，才能夠讓她們得到真正的幸福和快樂。

可是，事業和家庭都要照顧到，上班時要「雷厲風行」，回家又要溫柔似水，女人怎樣才能夠平衡好家庭與工作之間的關係呢?在這裡給你幾個建議。

注意累積

女人到了一定的年齡，結婚、走向家庭是不可避免的。但在此之前，你大概有那麼五六年的時間，是一段黃金的時期，在這時你還是一個「自由身」。在這裡要提醒你，此時一定不要光想著人生苦短、及時行樂。女人在年青的時候一定要注意累積。這種累積主要是指工作中的人氣、人脈、你的地位等。有了這些累積，你就主動了。如果說男人到了四十歲，才能夠真正走向成熟，那麼女人在二十五六歲就必須成熟。有了這些人氣，即使你結婚、走向家庭，也不會失去自己的發言權。

我身邊不乏有許多女性，二十五六歲，就成為公司的中層管理者，甚至高層管理者，她們的原則就是：現在多努力，將來再行樂。其實我覺得這種觀點是對的。女人在三十歲以後會走向家庭、走向穩定，那時才是你享受人生的時候，至於現在，還是應該好好努力，抓緊時間。

學會經營自己的生活

對於女人來說，無論在職場還是家庭，都會有各自的特點和壓力。必須在兩者之間進行平衡，這就需要你掌握經營的技巧了。我遇到一位小姐，性格很開朗、很活躍，上班的時候充分協調工作，與每一個人都處得很好，每一個人都願意與她合作，把她當成一個寶貝一樣，這樣，工作中的事情不用吹灰之力就搞定了，根本不需要加班，回到家裡，還能夠洗衣做飯，把老公和家庭照顧得很好，可以說，事業和家庭她都做到了，真是讓人羨慕。

女人，要學會經營，家庭與事業並不一定是衝突的，關鍵在於你怎樣調整自己。生活有時候就像在經營一個企業一樣，既要面面俱到，又要不慌不亂。既要照顧家庭，又要把工作做好，這是一門不小的學問，應該好好研究。

不要讓工作影響家庭和諧

生活中常見這樣的情況，某些人因為工作太忙，無暇顧及家庭，結果被老公指責。或者有些在公司做管理工作的女性朋友，回到家裡，對老公還是呼喝訓斥。女人應該學會把家庭和工作適當地分開。家庭是你放鬆自己的場所，應該好好享受；工作是你展示自己的場所，應該抓住機遇。讓工作和家庭相互映襯，相得益彰，這樣才能夠使你的生活更豐富多彩。尤其不要把工作中的情緒帶到家庭中，不然很可能會把家弄成一鍋粥。

多花點時間充充電

職業女性到了一定的年齡往往會出現「天花板效應」，這時，你的能力、背景已經發展到了極限，不足以再支撐你了，所以一定要學習。面對每日更新的工作環境，學習一定的知識是必要的，讓你對工作應對自如。這樣，對你的家庭生活也很有好處，因為在工作中得心應手了，在家裡也當然會更加自如。

第六部分

男人要學會裝愚蠢，不讓別人看到你的聰明

01職場男人要學會裝傻

據一項調查顯示，在接受關於職場裝傻調查的400多名上班族中，有55%的人認為，在職場中偶爾裝裝傻，不但沒有壞處，還會讓人覺得很幽默、很好笑，甚至還會讓人認為你很聰明、很會做事。的確，裝傻不等於真傻，職場中的各種人際關係很複雜，為了避免一些不必要的衝突和無端的麻煩，有時候裝裝傻反而能夠讓你躲過風口浪尖。

比如某天上級怒氣沖沖拿著一份文件來找小王，問他：「小李哪去了，他做的這個報告是什麼啊，狗屁不通？」

小王明知道小李剛剛接了一個電話，到隔壁辦公室去了，但假裝不知道地說：「咦，剛才還見到他了，誰知道現在他到哪裡去了？」

在職場中偶爾裝裝傻，是一種聰明的表示，聰明男人都會裝傻，幫助化解衝突，轉移衝突。比如主管有一個工作急需要由你來做，可是你也知道，如果貿然請功，必然會讓其他同事嫉妒。可你又不想沉默下去，這時不妨說，：「這個啊，以前我做過，但是不知道效果怎麼樣，要不我試試。」

這樣，既把你的意願表現出來，又不會讓人覺得你太想出風頭，各方面都能夠對你滿意。如果一開始就迫不及待地點頭拍胸，說：「沒問題，我肯定可以。」話說太滿不如不說，萬一你做不到怎麼辦？

在職場中要學會裝傻，凡是和你有關的事情，不要急於下結論。要緩說、緩做，必要的時候甚至還要假裝聽不著、看不見，這樣才有可能讓你在激烈的職場衝突中取得優勢。

比如：

在工作中要學會隱藏自己的實力，不輕易把自己的底露出來；

在與別人交往時要學會隱藏自己，不要讓別人輕易看穿自己；

與每一個人都要友好相處，避免與別人發生正面衝突，即使發生衝突也要大事化小，小事化無；

在公司內部衝突中站對立場，不捲入無謂的爭端中；

對自己不了解、不清楚的事情不隨意評論；

對某些事情，要假裝不知道，裝糊塗；

和你無關的一些小事，要把它放過去，不要糾纏太深。

這些都是很好的裝傻表現。

裝傻也有裝傻的手段，並不是一件簡單的事，需要小心掌握。

比如以前有這樣一個同事，性子很直，為人處事不會拐彎，想到什麼就說什麼。別人問他對工作有什麼意見，他就把能夠想得到的全都說出來；主管問他工作中有什麼困難，他就抱怨一大堆，最後誰都不喜歡他，把他孤立起來。

我做公司行政與人力資源工作這麼多年，最大的感受就是，在任何時候都要保留三分餘地，不能讓自己成為眾矢之的。

比如替上司裝傻。

若有客戶怒氣沖沖殺進辦公室，說：「把你們老闆叫出來！」怎麼辦？這時應該回答：「老闆不在。」儘管他可能就坐在辦公室裡。

比如為自己裝傻。

老闆怒氣沖沖找到你，說：「這件工作是誰做的，怎麼到現在還沒做完。」明明是你自己做的，也要說：「哦，哪一個，我看看。」然後裝著揣摩一會兒。這樣，老闆有再大的火氣，也不好對著你發火了。

比如，某個公司的員工因一個專案而分成幾派，爭來爭去，鬧得不可開交，但最終誰也不聽誰，拿不出個意見。在大家爭論不休的時候，有一個人說：「你們這邊，說的很好；他們那邊，說的很重要，很有道理。」每次都是這樣應付過去。結果，他反而在這場衝突中成了最受歡迎的人。

又比如你本來完全有能力拿下那個工作，但是當老闆問到你的時候，你可以說：「我想再考慮一下。」因為還可能有別人在競爭這個工作，你急於證明自己，反而可能讓人瞧不起你。稍等一下再說，反而可能得到更多。

有一個推銷員，銷售業績在公司裡總是排在前三名。別人都不解，因為他看上去傻傻的。有時候，他甚至還穿得很破的衣服去見客戶，這樣的人怎麼能夠成功呢？後來一問，才得知，實際上就是因為他會裝傻。原因在於：別人都穿得整整齊齊的，看上去那麼精明，好像一去就要把別人口袋裡的錢弄到自己手中一樣，反而是這樣簡簡單單的人，不讓人起疑心。

所以，為了你的發展，還是裝一點傻吧。

毫無疑問，職場既是工作的場所，又是戰場，要想在這裡成功，一味地橫衝直撞可不行，必要的時候要學會裝傻。所謂「厚積薄發」「東山再起」，把你的聰明相和內涵收起來，這樣你才有機會成功。如果一味地衝在前面，很可能會在傷了你的同時，反而達不到你的目的。

最重要的就是要學會韜光養晦，不鋒芒畢露。不管遇到什麼事情都要觀察仔細，有較大的把握再出手。凡事都要留三分餘地，充分地保護自己。有了這樣的態度，你就可以成為一個胸懷大志、內心謹慎、務實進取的人，那時你離成功就不遠了。

02 認認真真地做一個職場「鄉巴佬」

即使你是一隻獨狼，也要學會先披上羊皮，即使你有獅子的勇氣，也要先學會踏踏實實地像老牛一樣耕地，這就是我給你的建議。

在很多演講中，我一直都提倡要主動推銷自己。在幫資深員工教育訓練時，我常常對他們說：「如果你想有機會成功，那麼就不能甘於現實。」但是，對於職場中的許多新人來說，我感覺腳踏實地是比較好的。

我舉一個例子。這是一個真實的案例。

我有一個同事，剛到公司工作不久，因為對環境不熟悉，與一些同事發生了衝突。在工作中，他急於證明自己，堅持自己的方案，其實他的方案還遠遠不夠成熟，結果把工作關係搞得很壞。這讓他的事業發展一開始就蒙上了一層陰影。後來因為他一直努力，工作情況才有了很大的改善。

後來我們聊天的時候他就問我：「遇到這種情況我該怎麼辦？」

對此，我的回答是：「不要急於證明自己，先做一段時間老黃牛再說，畢竟你剛剛工作，腳跟還沒站穩，等踏踏實實工作一段時間，等你的主管和同事信任你了，再做什麼當然就容易成功了。」

他聽了我的建議，回去以後不再與同事們交惡，而是安心做好自己的事。果然，從那以後，主管開始喜歡他，而同事也忘記了從前的不愉快，對他熱情起來。

所以，當我們還無法證明自己的時候，不妨認認真真地做一個職場「鄉巴佬」。職場並不是一個可以隨意證明自己的地方。

很多企業都不喜歡員工過於表現自己，比如在傳統的國營事業、大型企業和一些等級制比較森嚴的外商。甚至在中小企業，也並不是每一個主管都喜歡性格外向、表露的人。如果你很喜歡推銷自己，就可能會得罪很多人。

男人要學會保全自己，在自己各方面的條件還沒成熟時，要學會低頭下去，做一個「平常人」。當然，這裡說的「平常」並不是說你真的變得一文不值了，而是要學會累積，在經驗、資歷、能力和機會上的累積，等到大家都習慣了你的「平常」的時候，機會反而會到來。

有這樣一個案例。

某位企業的總經理，手底下有一二百人。其中有一個做行銷的專員很能幹，一年下來，公司的業績提高很快，但是沒多久，這位總經理就向董事會提要求，要求把這位專員解職，為什麼？因為老闆覺得他太能幹了，以至於在公司裡把別人都比下去了。

又如某位先生，知名大學畢業，挾 MBA 之學歷，又有多年工作之勇，在一家企業如魚得水，很受上級賞識。工作中他很活躍，為主管獻計獻策，一時成為公司中的公眾人物，不過好景不長，主管換了。原來的主管性格比較開朗，喜歡同樣外向的人。現在換了一個比較嚴肅的主管，最不喜歡那種四處活動、在別人眼前晃來晃去的人。就這樣，他的職業生涯受到了很大的損害，不得不調到其他部門。

當然，在不同的環境下應該有不同的表現。但總的來說，對於職場新人，一定不要急於證明自己，要學會把自己隱藏起來，安心做一段時間「平常人」，當你感到各方面的時機都成熟的時候，再「果斷出擊」，這樣才能夠消除別人對你的戒備，一舉取得成功。否則，如果腳跟都沒站穩，就急於表現自己，很容易讓人對你產生誤解。

一般來說，做好職場「普通人」，也並不是說要你什麼事情都躲在後面，不能有任何發揮，而是說，做好我們分內的事，對別人的事情少說少問。做事要謹慎老練，態度要謙虛勤懇，凡事有三分迴旋的餘地，萬一壞的事情發生了，也能夠及時挽回。

總而言之，心懷遠大目標，但又要從眼前做起，正所謂「前途是光明的，道路是曲折的」。有宏圖大志，又不輕易表現出來，在小事中成長，但又不埋沒自己，注重累積，有機會時再爆發，這樣才能夠讓你取得成功。

03 與主管成為朋友，但不能忘乎所以

對於主管，我們必須相信，與他們成為朋友，這樣在關鍵的時候他們才能夠幫助我們成長。但是與主管又要保持足夠的距離，這樣你才能夠為自己贏得施展的空間。

其實這並不衝突，前者說一定要和主管相處好，因為這畢竟關係到誰來幫助你、誰來支持你的問題，關係到你的職業發展。後者說主管並不是永遠的，公司也不能成為你一輩子的生活場所，你要有自己的生活空間，必要的時候甚至還要離開他。

主管既可能成為你的朋友、你的引路人，但也可能成為你的競爭對手、讓你無法成功的人。很多人因為和主管關係太親密而吃了虧。比如，經常有人被主管用了很久，卻因為一件小事給炒掉了。這樣的事屢見不鮮。當它發生的時候你覺得這不可能？其實，正是因為你跟著這位主管太久，相互之間產生了嫌隙，主管就會找機會把你調走。有的主管還會在用你的時候就已經考慮怎樣解除你的職位了，因為在他們看來，你畢竟是一個員工，對他們來講只是在為他們工作。

員工和主管不可能是永遠的朋友，所以，為了避免這樣的情況發生，建議你還是要與主管保持一定的距離。

據國外一位企業家講，他說在工作中，任何一個人到了一定程度都要學會與朋友說「再見」，為什麼呢？因為在工作場合，朋友關係不可能永遠保留。

公元228年，諸葛亮率眾第一次北伐，馬謖為先鋒，不遵諸葛亮將令，被魏將張郃打敗，

諸葛亮退軍漢中，馬謖被處死，諸葛亮亦為之流淚。其實馬謖和兄長馬良與諸葛亮關係很好，馬謖本人也與諸葛亮有著不錯的私交。諸葛亮之所以這麼做，是因為「公歸公，私歸私」，兩者不能放在一起。

其實在現代企業界也是這樣，即使是像蘋果公司原總裁賈伯斯這樣的企業界先鋒，也有過被解職的經歷。20世紀80年代，由於賈伯斯的經營理念與公司內的大多數管理人員不同，加上藍色巨人IBM公司也開始醒悟過來，推出了個人電腦，搶占了大片市場，使得賈伯斯開發的電腦節節慘敗，總經理和董事們把這一失敗歸罪於董事長賈伯斯，於1985年4月經由董事會決議撤銷了他的經營大權。賈伯斯幾次想奪回權力均未成功，後來不得不辭去蘋果公司董事長。

所以，工作中「沒有永恆的朋友」，說不定什麼時候就會晴轉多雲，與老闆要保持足夠的距離，讓你有一些保留的空間，必要的時候能夠自己從他處崛起，這才是職場男人的正確做法。

具體地說，對主管要「言聽計從」，但同時又要有自己的觀點。

一般情況下，主管的話不可不聽。不聽，就意味著你可能會失去他的信任。但是在聽他們的同時，又要有所保留，要知道什麼樣的話是對的，什麼樣的話是不對的，對的要堅持做，不對的要摒棄。

比如，以前我有這樣一位同事，他的上司對市場判斷有誤，但還是堅持要他去開發相關的專案。對此他留了一手，在開發這個專案的同時，還對別的專案有所投入。後來，那位上司因為工作不力被撤職了，而他卻得以倖免。

對主管交代的事要認真、要重視，但是又要有所保留，不能完全投入。

職場中，有的人喜歡湊熱鬧，一看到主管高興了，發布一個什麼命令，想都不想就跟著上了。但很多主管都只是憑著自己的一時感受做事的，現在喜歡這樣，但轉眼間又會想著那樣，如果你毫不留心，到時候他們的主意已經改了，你還衝在最前面呢，這樣只能害了自己。

比如某位主管，一時心血來潮，說：「我們今年一定要把這個專案做出個名堂。」其實這只是他一時衝動說出的話，自己都沒考慮清楚這個專案到底該不該做。結果他的下屬們把這件事當了真，幾個人投入很大精力去做這件事，但是到了該出資金和人力的時候，主管反而猶豫了，還問：「我幾時說過這樣的話？」最後還把責任算在他們頭上。盲目跟進，反而受主管責怪，這是不必要的。

把主管當成生活中的密友、工作中的戰友，但是又要當成你的策略競爭對手。

我們與主管之間常常也會有競爭關係。某位朋友，他費盡心力開發的一個專案，在專案完成階段，公司開了一個總結會，結果在會上，他的頂頭上司發言，說功勞都是自己的。而在此之前，那位上司還一直允諾他，等這個專案完成，就給他很多好處，比如提職、獎金什麼的。沒想到專案還沒完成，他自己就把它據為己有了。其實這位主管是擔心專案完成以後，他會「功高蓋主」，所以提前行動。雖然並不是所有的主管都這樣，但是應該意識到，職場中，和主管之間，不只是夥伴或者上下級那麼簡單，有時還有一定的競爭關係。在對他們予以足夠信任和重視的同時，也要給自己一個保留的空間，不可不信，又不可全信，能合作，但又能夠分離，這樣你才能夠在關鍵的時候保護自己。

可以這樣說，主管既是你的策略夥伴和朋友，但有時候也會是你的競爭對手。所以，與他們的關係一定要謹慎，既要像朋友一樣親密，但是也要保持足夠的距離。人們常說，職場中沒有永恆的朋友，就是這個道理。保持謙虛謹慎，根據你和主管的共同目標與他們相處，你們之間就可以相互督促、共同成功。恰當處理職場人際關係，尤其與主管的關係，這樣你才能夠成為一個聰明、成功的人。

04 記住你能從老闆那裡得到什麼

不管你是職場新人，還是閱歷豐富的老手，在職場中都應該注意一點，要時刻留心你的老闆，知道他能夠給你的發展帶來什麼。

在職場中，老闆對一個人的發展還是很重要的，在很多情況下他是指揮者，是你的帶路人，在相當程度上決定了你的前途。但是並不是所有的老闆都有足夠的能力，很多老闆未必能夠給你帶來什麼價值，這時就需要你有一個清楚的判斷，然後做一個審慎的選擇。

跟對老闆很重要。

某位先生，工作多年以後，還在原地不動，和剛到公司報到時一樣，只是一名普通的業務人員。要說他工作不努力嗎？不然，他每天早來晚走，付出是最多的。說他能力不強嗎？也不是，他是公司裡的主力業務。那麼原因出在哪裡？就在於他的上司。他的上司是一個很沒進取心的人，對工作的態度，就是得過且過，無過便是功。對下屬雖然很熱情，每天稱兄道弟的，但是從來不為他們努力。別的部門都拉專案、找機會，他卻是能有什麼就做什麼，能夠得到什麼就算什麼。這樣，不僅他的工作沒什麼進展，下屬也受了影響。這位先生也是受影響的一員。

所以，一定要知道你的老闆能夠給你帶來什麼。成功的老闆能夠給你帶來很多資源、專案、人際關係、管理等各方面的便利，因為他們本身就是一個巨大的資源庫，有著各種關係和便利，但是不成功的老闆不但不能幫助你什麼，還會整天考慮怎樣從你那裡得到更多。

一位朋友來信說：

我是今年剛剛畢業的大學生，學的專長是電子商務，在學校裡學的東西比較虛，到了公司根本用不到。一開始進了一家網站公司，後來又到了一家私人企業，老闆還是很重視我的，因為他們公司正需要這樣的人才，說了很多好聽的話把我留下，還承諾一定會重用我。

但是很快我就發現一個問題，這裡的工作與我想像的相去甚遠。具體地說，就是工作很零碎，公司規模還可以，但是制度不完善，老闆還是採用以前的家族式的管理，心血來潮，想幹什麼就幹什麼。經常要我去做一些瑣碎的工作。我的特長是電子商務，他叫我去開發程式，列印報表。我的時間荒廢很多，回報卻很少。

但是他對我是恩威並重，不斷地給我許下承諾，打算將來對我怎樣怎樣。公司的硬體條件也還不錯，讓我對這份工作又很捨不得。

面對這種情況我比較苦惱，不知道該怎麼辦？

對於這位朋友，我的回答是：

在職場中你要學會觀察，學會對你的老闆作準確的判斷。如果是值得你跟從的老闆，就要堅持努力，讓他信任你、關注你，這樣你就可以與他一起成功，從他那裡得到很多。但是對於那些無所事事、目標盲目的人，一定要學會拋棄。

從你的講述來看，你所描述的這位老闆，就是一個對自己的目標和前途很不明確的人，他今天叫你做這個，明天讓你做那個，自己沒有規劃，就很好地說明了這一點。

跟對一個好的老闆，可以對你的事業起到推波助瀾的作用，但跟上一個不好的老闆，只會把你的銳氣磨掉。所以我建議你，一定要離開，重新選擇自己的生活，這樣你才有機會成功。

他聽從了我的建議，換到另外一家企業，也是做電子商務。在這個領域雖然剛剛起步，但是老闆很專注、很重視，自己也很投入，結果他的特長得到了發揮，很快就取得了成功。

不管你是職場新人，還是職場老手，懂得你的老闆、認識你的老闆很重要。人們常說：「好馬配好鞍，好船配風帆。」有了一個好的老闆，指引你、幫助你，無疑是錦上添花、如虎添翼。有了一個不好的老闆，只會讓你心志全無，能力和時間白白浪費。

在觀察老闆的時候，可以從這些要點下手：

老闆有哪些資源？

老闆最近想做哪些業務？

老闆的發展方向是什麼？

老闆的好惡是什麼？

老闆喜歡與哪些人交往？

老闆對人際關係的處理情況怎麼樣？

老闆的人脈怎麼樣？
老闆鍾情於哪方面的事業？
老闆的生活習慣是什麼？
老闆的愛好是什麼？
有些老闆，看上去可能覺得沒什麼，貌不驚人，又不會說話，但實際上他的能力很強，人脈、資源和影響力都很廣；但也有一些老闆，看上去左右逢源，是個公眾人物，但實際能力並不是表現出來的那麼強。
一般來說，能力強的老闆大都有這樣的特點：
人際關係比較好，善於和別人相處。
有事業心。
有著較好的資源。
對別人有一定的影響力，當他出現的時候，旁邊的人自然會把注意力投向他。
成熟、老練、不衝動。那種意氣用事、容易衝動的主管，大都成不了什麼大事。
關注別人，懂得知人善用，懂得回報。凡是與他親近的人，他都懂得怎樣幫助他們，讓他們滿意。
有理解能力，同情別人。
能夠從這些角度去了解你的老闆，就相當於你找到了一條打開職場大門的鑰匙，因為在某種程度上來說，你甚至可以「駕馭」你的老闆了。

概言之，要知道你能夠從老闆那裡得到什麼，這對你既是一種促進，也是你們雙方的一種互補，你們彼此付出，相互回報，這樣你們的事業都能夠受益，都能夠取得成功。

05 了解你們公司的整體環境

現在很多企業都採用一種叫「360°的評價」的員工評價方法。「360°評價」，又叫「360°考核法」或「全方位考核法」，是指由員工自己、上司、下屬、同仁、同事甚至客戶等從全方位、多角度來評價一個人的方法。評價內容可能包括工作表現、人際關係、溝通技巧、執行能力、主管能力等，透過這樣的評估，可以了解到一個人的整體表現，它比單方面的從下級來評，或者從下級來評要全面客觀許多。因此廣受歡迎。很多大企業都採取這種方法。

實際上，360°評價不僅對於評估一個員工有意義，對於我們在一個企業、一家公司中的發展也是有益的。使用這種評價方法我們可以了解到：一個人在企業中必須有對整體環境的把握能力才能夠成功。

我曾在一家大型國營事業工作過，我的部門負責人是一位女性，四十多歲，剛剛從別的企業調過來。因為不熟悉本公司環境，結果一來就鬧了一個笑話。在公司內部發信的時候，她把每一個人都稱為「dear」（親愛的），實際上在很多企業裡這種做法都是不合適的。尤其是她比較自由的管理方式，也讓很多人不適應，在年終考核的時候，雖然她的上級很賞識她，但是下屬和客戶對她的評價都不好。結果對她打擊很大。

這實際上就是因為沒有了解公司的整體氛圍的結果。

在公司中生存就要進行多方面的觀察。每一個人都不可能單獨存在，要受到來自於上下級、客戶、公司內外各種人、各種環境條件的影響，很可能因為一點小事就會影響到你的前程。這時，對公司做一個綜合、全面的了解，從整體的角度去構建我們的人際關係和工作環境，往往容易取得成功。

了解一家公司的整體環境很重要。比如，外商比較注重你的活力，要看你是否有朝氣，有能力，熱情、魅力十足的人是受歡迎的；而國營事業則看重你的資歷背景，看重你的為人處事是否成熟老練，不強調個性和自我表現。在一般的中型私人企業，往往更強調你的主動性、服從性、能力，因為這樣的企業往往處於上升期，老闆往往喜歡那些工作努力、話又少的人，這樣的人對他們才有價值。在很多小企業，老闆的意志很重要，因為老闆一個人的意願就可能決定了企業的發展，你就必須與老闆站得很近，知道他的好惡。

要想在職場中成功，就要在努力工作的同時，學會觀察公司的整體環境。這種環境是多角度、全方位的，因此稱為360°的觀察也不為過。

公司的文化

每一個企業的文化都不相同。比如，Google公司強調的是自由、人文、創意，人與人之間的關係比較自然隨意；而台積電的企業文化則比較大氣、厚重，強調責任感、使命感和紀律。

企業文化決定了其中的人的思維方式，當然也決定了你應該以怎樣的表現來應對這種挑戰。

公司的考核辦法

每一個公司都有自己的考核辦法。它決定了你的升遷晉職、獎金薪酬、機遇和獎勵等，評價的內容也從工作成果到工作方式、方法、態度等多個方面。所以了解這些內容就很重要，很多人工作了很久都不知道自己的公司是怎麼考核一個人的。這樣你在公司裡為人處事的時候，就很可能比較忙亂，不知道自己怎樣做才能夠與公司的管理融為一體，影響自己在公司中的整體發展。

公司中一些重要的人物

每一個公司中都有一些重要人物，甚至可以左右公司發展，當然也有可能影響你的命運，對他們要有充分的了解。比如你的直接上司、重要管理者，甚至一些不與你直接接觸的公司管理人員，以及一些重要的同事、合作夥伴等，了解他們，在必要的時候，你就知道怎樣和他們打交道、抓住機會。

了解公司內部可能存在的衝突

每個公司都會有一些天然的「派系」，這並不一定是出於敵意，而是公司裡自然形成的結果。比如對於某個專案，每個人可能都有自己的想法，歸納起來，就可能形成不同的「派別」。對這些「派別」你也要掌握，因為他們也是公司中整體環境的一部分。

成功可能有很多原因，個人學歷、資歷、個人能力、社會經驗等，都可能影響你的發展，但有一點不能忽略，在職場中一定要對公司的整體環境有充分的了解。因為我們整體生活在其中，如果不了解它，就很難發現機會，掌握主動。

要記住一點，只靠學校學的那點知識來應付社會是遠遠不夠的。只有仔細地觀察，從環境中發現有利於自己的東西，積極構建自己的工作環境和工作氛圍，這樣你才能夠走向成功。

06別讓「空頭支票」支配了你

在職場中，如果你被別人誇獎了，可不要不知道天高地厚，應該冷靜地分析你面前的形勢，看看到底該如何應對。

有的誇獎只是空頭支票，對此不要太當真。

有些主管就是喜歡給空頭支票。

我以前就遇到過這樣一個上級。四十多歲，人長得挺儒雅的，但就是做事不靠譜。他也不是不重視你，但就是只給一些空頭支票，比如今天誇你能干，明天誇你會做事，後天說你聰明、識大體，會尊重別人，但是一提到獎金、薪資待遇什麼的，馬上就沒下文了。對於這樣的主管，我建議你還是遠離為好，因為跟著他什麼也得不到。

誇獎應該和實在的獎勵聯繫起來，才能夠讓人們感到公平，如獎金、薪資待遇、升職乃至出國等。對於那些一個勁地許諾空頭支票的人，我們應該堅決遠離。

再者要注意，被人誇獎了，還是要注意保存自己，不要因此不知道天高地厚，讓人以為你是一個控制不住自己的人。

某位年輕人，剛工作沒多久，就被另外一家公司的HR部門相中，挖到那家公司。他的能力很強，工作又積極，每天都是早早到公司，很晚才回去，每一件工作都做得很有條理。這樣的表現，可能誰見了都會喜歡。但是呢，實際上，公司裡有些主管卻不這麼認為，他們覺得：這個年輕人表現太突出了，以後肯定不好管。實際上在很多公司單位，表現越突出，越容易引起大家的猜疑，所以，有時候我們要學會保存自己，讓自己稍微隱藏一下，這樣你才能夠厚積薄發，抓住機會一下成功。

在公司中，表現要適度，既不要落伍，但也不要太突出。讓人隨時感到你的存在，但對他們的發展又沒有負面影響，這樣他們才會重視你、幫助你。

當你被人稱讚的時候，更要注意保持與別人的距離。

總而言之，如果你在職場中被誇獎了，一定不要高興得太早，畢竟你還只是處於成長階段，要學會保存自己。不要因為別人一句誇讚，就高興得過了頭，不知道控制自己，這對你將來的發展是很不利的。

07可以老練，但不要太老成

現在很多公司都是MBA、名校畢業生一大把，要想在他們中間脫穎而出，成為出類拔萃的一個，短時間內是很難做到的。要儘快成為職場中當仁不讓的重要人物，就得另辟蹊徑。這往往就得從你的待人處事入手。透過積極的人際關係，讓別人認識你、了解你，讓公司環境朝著有利於你的方向發展。

這就是說為人處事要老練。

什麼是老練？具體地說，就是見多識廣、經驗豐富。「兵馬未動，糧草先行。」有什麼事，不需要別人提示，就已經知道怎麼處理；遇到危機，已經提前警醒、了然於胸，可以說是運籌帷幄、輕車熟路、得心應手。

那麼什麼又是老成？

老成是說閱歷很多，處事妥帖，讓人感到愉快。

乍看，兩者好像沒甚麼區別，但是在職場中二者的區別還是很明顯的。

在職場，你一定要學會老練，為人處事要成熟果斷、精明幹練，處理問題不露聲色，但是點到即止、恰到好處，不強人所難，可以說是近乎完美。

老練可以，但是一定不能表現得太老成。如果你表現得老成，可能讓人覺得你這個人過於穩重，心計太多，可能會對你有戒備心。

我們常常會看到那種在職場中偽裝得很好的、看上去八面玲瓏的人，反而沒有得到發展機會，往往就是因為他們表現得太老成了，以至於讓每一個人都生畏。

可以說，老練是一種工作的態度和方式，也是一種工作技巧，它能夠讓別人對你產生敬意和尊重。而老成，則因為你太過穩重，反而讓人對你產生一種敬畏感，不信任你了。

所以，在職場中，老練還是必要的，但不能太老成。

某位年輕人，雖然剛工作不久，但是處事老練，既保留了自己年輕、有衝勁的工作作風，但是同時又關心別人、尊重別人的意見。大家雖然覺得他剛從學校走出來，有點青澀，但是覺得他這個人很誠懇、有魄力，能夠為大家帶來益處。結果公司提拔部門主任的時候，他被提名為副手。但與此同時，一位工作多年的老員工，雖然態度很謙虛謹慎，四處交好，但是因為過於深藏不露，反而讓人覺得他心機太深，大家都不太信任他，結果沒人敢對他予以重任，在這次提拔面前失去了機會。

那麼，怎樣才能夠做到既老練，又不露聲色呢？在這裡給你幾個建議。

外表職業化

「人靠衣服馬靠鞍」，千萬不要忽視「衣帽識人」的力量。穿好自己的著裝，這在經濟學上是最節省成本、最行之有效的一種影響別人的方式。著裝要大方簡練、職業化，體現出你的特徵，讓人一看到你就知道你的基本特點，無疑會為你節省許多時間和成本。而且簡明幹練的裝扮，還能夠讓人對你產生信任。

行為規範化

職場都有特定的行為規範，如待人處事、與上下級相處、工作中的交往，在用辭稱謂、禮貌用語上，都有特定的習慣，應該遵守。比如，見到同事要打招呼，見到主管要點頭致意；與主管交往，說話用「您」稱呼，不要太唐突，可以透過祕書或者郵件的方式傳遞你的意見。這都是一種老練的表示，讓人一看就知道你是一個懂得體貼、尊重別人的人，讓人對你產生親近感。

讓每一個人都尊重你

有別人的尊重才會有影響力，才會在公司中有話語權。與每一個人保持友好的關係，關懷他們，適當地幫助他們解決一定的問題，他們就對你產生一種信任感，這樣你的周圍就會始終存在一股幫助你的力量，在關鍵的時候他們就會為你說話。

學會隨機應變

職場中處理事情不能夠一概而論，隨機應變也是一種老練的表示。隨機應變，簡單地說就是「具體問題具體分析，不搞一刀切」。雖然基本道理很簡單，但操作起來卻很難。這需要你縝密地觀察，對形勢有較好的判斷，然後在時機到來時毫不猶豫，果斷地出手，這樣你往往能夠把握機會，一舉成功。機會總是留給準備好的人，如果你過於拘謹、不知變通，當機會到來時你也把握不住。

建立人脈通道

職場中有很多你意想不到的人脈通道，原來需要幾天甚至更多時間才能夠辦成的事，透過這條通道很快就可以完成，少費很多力氣。雖然真才實學很重要，但是人脈同樣不能忽視。憑什麼那麼多員工，老闆就一定要給你機會？這關鍵還在於你的人脈資源。好好整理一下你的人脈資源，不一定只有位高權重的人才算得上人脈，同事、朋友、同學、老師、父母的朋友等，在適當的時候，都與你有意想不到的關聯。

適時玩「消失」

「小別勝新婚。」有些人只有在你「消失」的時候，才會意識到你的重要。所以，當你發現自己無論怎樣努力，別人都不重視你的時候，不如適當地迴避一下，這也是一個好辦法，讓別人看到當你不在的時候會有怎樣的事情發生，他們就不敢再小看你了。

總而言之，在職場中要處事要學會成熟老練。成熟老練表明你對人生、對事業都有了一種新的領悟與提高，體現的是你的生活能力的提高。當然，如我們前面所說，老練也要有限度，不要讓人感到你是一個只會油腔滑調、拉關係走後門，不會做事的人。太老練，乃至顯得很老成，這也是很不好的，會讓人瞧不起你，這也是每一個希望在職場中取得成功的人應該注意的。

08別在太歲頭上動土

在職場處事，必須學會審時度勢，能進能退，屈伸自如，不要捲入那些無謂的衝突中，尤其是不要在太歲頭上動土。

職場中有很多關鍵人物，你可能不喜歡他們，但是如果你得罪他們了，對你也沒有好處，所以這時還是不應該與他們交惡，應該盡量堅持做好自己的事。

據說，在某家大型企業，有一位職員對負責清潔的阿姨很不滿，因為這位阿姨每天都在他午休的時候來掃地，把地板和桌椅弄得「噹噹」響，使他沒法休息。他很不滿，就威脅這個阿姨說：「如果你再弄得我沒法休息，我就去總經理那裡告你。」沒想到這位阿姨卻說：「我在這工作十來年，經歷過四任總經理，無論是哪一位總經理，我都是這樣掃地的，總經理還得管我叫阿姨呢，你能把我怎樣？」

聽到這樣的話，這位員工雖然有一肚子的火，也只好作罷。

公司中有些事情，有著微妙的關係，你自己能夠理解就行，不必說出來。如果實在理解不了，最好假裝不知道。因為有很多時候，有些事情是不能去觸碰的，還不如暫避一時為妙。也不要輕易地說出來，因為不管責任在誰，說出來也不一定有人支持你，這時還不如不說。

如果實在忍不住，找個別的地方發洩一下吧。讓自己出一口氣，總比無端地發洩在別人頭上好。

當然，如果你覺得對方是可以溝通的話，也可以找個合適的機會溝通。在較為寬鬆的氣氛下，以委婉的方式，把自己的想法說出來，或許可以達到目的。

必要的時候，可以在一些重要場合，與他們打一下招呼，表示你與他們並無惡意，這樣可以有效地化解他們對你的敵意，避免更大的衝突。

同時也要注意自己的品格修養，不要讓自身的原因把事情搞糟。比如：

不輕視別人，以免傷害別人的自尊心。

不過分地苛求他人，以免讓人無法承受。

不批評和中傷別人，以免讓人對你產生不滿。

不誤解別人，不輕易把別人當成你潛在的對手。

不驕傲自滿、目中無人，以免讓人覺得你不尊重他們。

不離群獨處，能夠合作共贏。

有了這些品格，相信你一定會增加在公司中的影響力，增加朋友，減少敵人，更好地幫助你實現你的目標。

09想在職場中成功，就要學一點職場博弈論

職場如戰場，遠交近攻、合縱連橫、刀光劍影、紛繁複雜。面對如此複雜的職場，很多人可能會感到一時手忙腳亂，不知如何應對。這時，如果你懂一點職場博弈論，就可以輕鬆處理，它可以幫助你「透過現象看本質」，看到問題的實質。

前一段時間得到一個消息，我們常年合作的一家公司的一位高級顧問被解雇了。解雇一個人對於很多公司來說是一件很平常的事，但對於他來說，卻不同尋常。

他是該公司應徵的第一批員工，與公司一起打拼，經歷了十幾年的風風雨雨，走到今天，可以說功勞無數。但是公司現在遇到了困難，急需補充新的血液。為了發展，公司高層從外面新聘進一名有背景、能夠帶來專案的新顧問。但來了新的，顧問的位置又沒那麼多，老的就只能夠走。就這樣，雖然他很努力，為公司付出了很多，但是也只能把位置讓給別人。

其實他本人的能力很強，我們都很喜歡聽他的演講，每次聽到他講課，都覺得激情似火，

熱力十足，能夠把一個人深深地感動。儘管如此，他仍然犧牲在公司內部的鬥爭上。所以，一定要學點博弈論，避免成為公司內部鬥爭的犧牲品，讓你在激烈的職場競爭中保護自己。

博弈論是指兩個人在對局中，利用各自的優勢、特長、所掌握的方法手段等，建立對自己有利的「棋勢」或者時局，達到影響別人、促進自己的目的。它既是一種生活策略，也是一種工作方法。博弈論最早只是用於研究象棋、橋牌、賭博中的勝負問題，但現在人們把它廣泛應用在生活、管理、銷售等各種實踐中，起到了很大的作用。

社會總是現實的，有一定的殘酷性，如果不注意保護自己，很可能會輸得很慘。這就要求你要懂一點職場博弈術。

職場博弈

就是要用你的頭腦，用各種資源和環境，為你在職場中贏得有利的位置。它包括以下幾個要點。

要學會與別人合縱連橫，相得益彰

合縱連橫，相得益彰，也就是說要有你自己的事業夥伴、事業盟友。這些人在關鍵的時候能夠幫得上你。在職場中靠自己單打獨鬥的人是很難成功的。這些盟友可以是公司的高層管理人員，可以是董事會的成員，也可以是重要客戶。總而言之，他們是對你有重要影響的人。當你處於不利位置的時候，他們的一個舉動、一個態度，就有可能對你產生關鍵的作用。有了他們，就相當於有了堅強的後盾，這時別人再想對你有什麼不利行為，都很難做到了。

要有一些重要的平常朋友

光有堅強的後盾還不行，還要有一些平常生活中能夠相互支持的朋友，因為多數情況下是需要別人來與你一起努力。比如一些重要的同事，一些關鍵職位的人，甚至像財務、後勤這樣不起眼的職位上的人，都有可能在你需要的時候幫助你一把，所以不能輕視。很多平時的工作就是與他們一起完成的，日久生情，他們也可能會在關鍵的時候為你帶來意想不到的收獲。

要對公司內部的鬥爭有所了解

很多公司都是有內部鬥爭的，雖然我不贊成你隨便捲入哪一派，但是在職場中生存，了解這些衝突衝突還是必要的。比如有的公司內部可能分成幾派，如果你不了解，夾在中間做人就很難，隨意捲入其中一派也不好。所以對公司的形勢、主管的意圖、同事之間的分歧，要明察秋毫，然後再行動，就會減少許多麻煩。

要學會建立自己的人際生活圈

有自己的生活圈很重要，透過自己的人際交往方式，與別人建立良好的關係，化解工作中可能存在的衝突，為你贏得有利的工作氛圍。

要規劃好自己的職業生涯

職場博弈雖然重要，但是不能把它當成工作中的唯一，要把工作和事業做好，要有你自己的明確的職業發展路線，這樣你才不至於陷入權術中不能自拔。讓「博弈術」服從於你的生活和理想，這樣你才能夠得到最大的回報。

懂得了這些職場博弈的道理，相信你就可以運籌帷幄，不戰而屈人之兵，在職場中呼風喚雨，成為一個人見人敬的真男人。

10衝動的時候不要意氣用事

生活中誰都有衝動的時候，尤其是男人，面臨生活與工作的壓力和競爭，情急之下，衝動常常是不可避免的事。但是衝動可以，千萬不要意氣用事。

有位心理學家曾說：「衝動是魔鬼。」這句話很有道理。因為衝動會破壞你的理智和判斷力，讓你喪失對生活的把握能力。

曾有這樣一個故事，說一位職員，因為工作的一件小事和老闆吵起來了，結果一怒之下提交了辭呈。其實他只是想做一個樣子給老闆看，他覺得以自己以往的表現和在公司中的地位，老闆一定會讓步、會挽留他。結果在他遞交辭職的第二天老闆就安排了新人接替他的工作，而實際上這個新人的工作能力不一定就比他強。

所以在職場中可以有點情緒，但不能意氣用事。

有些人為了一點小事賭氣，覺得如果這點小事不解決，就不能夠繼續下去，毫不考慮後果。其實在多數情況下，這並不必要。

在職場中我們需要的恰恰不是自己的衝動，而是理智。理智可以讓你保持清醒的頭腦，對當前的形勢做一個準確的判斷，然後再採取行動，避免衝動之餘做出傻事。

衝動一旦發生，你就會變得魯莽、衝動，失去控制力，行為可能過火，表現得急躁、憤怒、情緒失控等。

所以，一定要學會控制自己。如果你確實是一個愛衝動、容易意氣用事的人，不妨採用以下幾點幫助你緩解情緒。

首先，如果有什麼事情讓你情緒急躁、衝動，不如在你表達出情緒之前，先為自己降溫，比如在心中對自己說「一定要控制自己，不讓自己發怒」。然後在心中默數「1，2，3……」。不要小看這幾句話，它可以起到心理暗示的作用，在很大程度上可以緩解你的心情，幫助你恢復理智。

如果可能的話，可以換一個環境。

一旦離開了讓你動怒的那個場合，很多情緒也就沒有了。有些人越是著急上火，就越要堅持下去，結果讓自己鑽進牛角尖。當你因為某些事情生氣的時候，要學會遠離，別總去看、總去想那些讓你生氣的事，你的心情就會改變。

再告訴你幾個竅門，當你衝動、感情用事的時候，或許就會用得上。

有急事，慢慢說

遇到急事，反而要慢說。有條不紊地把事情說完，既能緩解你的心情，又能給人留下成熟穩定、不衝動的印象，增加別人對你的信任度。

容易發怒的事，婉轉地說

有些事一說出來就可能給自己和別人帶來不快，這時可以說話含蓄一點。比如你的同事工作不認真，你可以這樣說：「咦，這個是誰做的啊，和外星人做的差不多。」小小的一個玩笑，既能提醒對方，又可以把怒氣化於無形。

沒把握的事，不要說

有些事，自己都沒把握，就不要急於對別人說，否則會讓別人覺得你魯莽。對於自己還沒把握的事，可以先放在心中，等時機成熟，確實可以實行時，再提出來。

沒發生的事，不要亂說

人們最討厭無事生非的人，如果有些事根本不存在，就不能無中生有，否則會讓人覺得你是一個傳播謠言、不懂禮貌的人。

傷害別人的事，不要隨便說

有些話一出口，就可能傷害別人，比如「你怎麼這麼蠢，誰都比你做得好」「我真是看走了眼，你怎麼就這樣」等。這些話一說出口，你和別人的關係就很難再修復了。說話要謙虛謹慎，有可能對別人帶來傷害的話一定盡量不要說出口。

總而言之，職場中是不能隨意衝動、意氣用事的，要學會控制自己。當情緒的魔鬼衝上頭腦時，要用理智及時澆滅它，千萬不要讓自己失去控制，否則你很可能會因自己的衝動而付出代價，對你的事業發展會起到很大的阻礙作用。

11 不要情場得意，職場失意

人都是有感情的動物，男人在職場不可能不談戀愛，但是男人在職場又不能隨意地談戀愛。原因在於，職場利益紛爭，職場中的感情，並不是兩人一見鐘情、相知相愛那麼簡單。

經常見到這樣的事情：一位很有事業心、很有責任感的年輕人，同事喜歡、上級重視，正處在事業發展的黃金期，這時他遇到一位職場「美女」，不僅人長得漂亮，而且性格熱力十足，天經地義的「英雄愛美女」，他們走到了一起。這位職場「美女」，不僅外表過人而且機敏老練，可以說每一個見到她的人都過目不忘。不過，就在我們這位「英雄」全身心投入這場感情中的時候，不幸的事發生了，職場「美女」同時也是一位職場中的感情高手、情場過客，腳下踩著好幾個人不說，還瞟著別人。年輕人雖然能幹，但遠不能讓她滿意，只是她的備選之一。

就這樣，在反覆的權衡中，我們的這位「英雄」被無情地拋棄了，而直到此時，他還不知道這一切到底是為什麼。

你可不要覺得這只是一個玩笑，職場中這樣的事情很多，你可一定要注意，否則說不定哪天你就可能遇上了。

男人不可能沒有家，沒有家的男人不能算是真正的成功的男人。但是男人想有家，又不能只憑自己的感覺行動。在職場中談戀愛，一定要做通盤的考慮，不能只憑感覺，要用你的頭腦做出清晰的判斷，才能避免「職場得意，情場失意」。

要選擇好你傾慕的對象

男人都喜歡聰明、漂亮的女人，但是職場中，聰明、漂亮卻不等於你們真的能夠相互忠誠。男人與女人之間，要綜合考慮對方的性格、氣質、內在特點等多方面的因素，然後再做選擇，不要只憑外表就決定一個人是否適合你。有很多女孩子，雖然並不漂亮，但是她們很簡單、很清純，願意與你共度一生，這樣的女孩子也是值得珍惜的。

在感情面前要保持沉著冷靜

在感情面前，一定要表現得沉著冷靜。男人容易被女人吸引，但是不等於男人就應該因此而失去對自己的掌控。時常看到這樣的男人，被辦公室裡的漂亮美眉迷住了，就忘記了「自我」，整天給對方打電話，簡訊、郵件不斷，幾乎無時無刻不纏著對方。結果得不到芳心不說，還讓人把你當成怪物。在職場中，處理感情要自然大方，功到自然成，不要強人所難。

要保持謹慎

很多公司都不允許員工相互之間談戀愛，因為每個員工都是獨立的個體，一旦產生感情，相互之間就會產生影響，對工作不利。

當然，這不等於感情就不能發生了。關鍵還是在於你要保持謹慎，在工作時間盡量保持低調、冷靜，不要在上班時間表現得太熱情，不讓感情影響你們的工作。這樣，即使你們上級知道了，也不好說你什麼。就怕兩人關係本來也沒那麼近，卻表現得很火熱，結果對兩人都不好。

如果你們的親密關係被別人發現了怎麼辦？這時一定要保持平靜，淡化處理。

若是被主管問到，可以含糊地說過去，比如：

「哦，我們只是很好的朋友。」

「還早沒到你說的那一步呢。」

有了這樣的話，相信是再好事的人，也不好意思多問了。

尤其注意兩個人要協調一致，不要你承認了戀情，而她卻若無其事的樣子，反而對你們不利。

不要隨時聯繫她

即使是在同一間辦公室裡，也不要隨時聯繫，不要一會假裝倒水，去看看她，或者一會借工作事由又去找她說一會話，辦公的時間不要接觸太多，把時間放在工作之餘吧。

職場戀愛這回事，很多時候就是大家心知肚明的事，只要你不表現得「路人皆知」，一般也不會有人問起的。我以前就有這樣一個同事，自己是部門主管，而自己的女朋友就在同一間辦公室裡，這樣維持了很長時間，但是因為他們都很「遵紀守法」，所以也沒有人說什麼。

當然，「紙是包不住火的」，如果你們的感情發展到一定階段，雙方都覺得感情已經很成熟穩定了，這時不妨拿起勇氣公開。如果你們是真心相愛，我相信你們的同事和上級也會祝福你們，為你們的感情提供便利。那時，你可就是愛情和事業雙豐收了。

切忌職場婚外情

還有一點，對於已婚男人來說一定要注意：職場婚外情要謹慎，不能隨便碰。

常見到這樣的情況，某位中年男子，事業上正處於蒸蒸日上的時候，家庭和事業都已經成熟穩定，卻出於一時的感情衝動陷入「辦公室戀情」中不能自拔，完全不顧後果，最後是家庭破碎了，工作也受到了牽連。

男人到了一定年齡，在各方面都在走向成功，這時往往容易成為「辦公室戀情」的主角，由於與女同事相處的時間往往比與妻子共度的時間還長，朝夕相處、日久情深，也在情理之中。

但是，可否想到結果呢？愛得越強烈，陷得越深，尤其是最後可能會影響你的家庭、你的前途，所以還是謹慎一些吧。

總而言之，在職場中，一定要把守住感情這根紅線。工作中，男人與女人之間，不可能沒有感情，但是又不要因為感情而忘了自我，對感情要把握分寸，這樣你才能夠真正地在職場中不迷失自己，做一個事業成功的好男人。

第七部分

忠誠於你的現在，但也要考慮你的將來

01記住一個道理：鐵打的營盤，流水的兵

要記住一個道理：「鐵打的營盤，流水的兵。」

職場中沒有什麼是永恆的。現在的朋友，將來也可能成為敵人，所以，要有足夠的心理準備，該選擇跳槽的時候就一定要選擇離開。

小鄭畢業後到一家保險公司做業務員。他曾聽人說，對工作一定要熱情、要投入，不到萬不得已，千萬不能離開。在工作中他投入了很大的精力，可是就在他到職後不到半年，因為業務需要，公司把他所屬的部門裁撤了，就這樣他剛工作不久就失業了，只能從頭再來。

又比如某位電腦器材進出口公司的業務助理，因為工作態度認真嚴謹，深得上司賞識。後來，經一位朋友的引薦，他認識了一位家族企業的老闆，對方很誠懇地邀請他過去擔任經理助理，並許以高薪，他覺得這是一個提升自己的好機會，因此欣然接受。到了新公司，一切都很順利，老闆對他很好，把他當自己的親信看待，他也忘我地投入工作中。可是，就在他投入全部熱情工作的時候，突然有一天老闆告訴他：「我有一個親戚從國外回來了，需要這個職位。」就這樣，還沒在這個位置上坐多久，他就只能夠選擇離開了。

工作就是這樣，不是只憑簡單的熱情就可以掌控的。職場充滿競爭與博弈，對於工作既要投入，要有熱情，要有充分的思想準備，該撤的時候也要撤，這樣你才能避免因投入過多而受傷，始終保持自己的主動性。

當然，想跳槽並不是一件容易的事，要在平時留心觀察、細心準備，在關鍵的時候才能果

斷出手。建議你從以下幾點下手準備。

多了解有哪些「新東家」可供你選擇

多了解別的公司是很有必要的。如果每天只是低著頭幹事，雖然勤懇，卻往往看不到方向。要低下頭去做事，也要抬起頭來看公司的形勢和時局，尤其要注意公司內外的環境，對每一家公司都仔細觀察。這樣你才能夠看到很多機會。

要搞清楚新工作到底值不值得你跳，切忌霧裡看花

霧裡看花雖然很美，但是走到面前可能讓你大失所望。工作中要有一雙慧眼，把每一家公司的發展前景、職位設置、工作環境、薪水福利等一一搞清楚，這樣在跳槽的時候，你就不會盲目了。

選擇跳槽時要謹慎

可能有很多跳槽的理由，比如和老闆關係不好，工作環境不如意，薪資待遇不滿意，同事關係複雜，前景不明確。但是，不等於有這些問題就可以馬上跳槽。因為跳槽也不見得能解決這些問題。如果是個人原因導致不適應現在的工作，那麼現在應該做的是如何從自身改進，而不是急於離開。在弄清楚是否值得跳之前，不要輕舉妄動。因一時衝動跳進去，萬一不如意，還不如先暫時按兵不動。

選擇跳槽的最好時機

很多人都在一年的年終選擇跳槽，因為這時剛好一年的工作結束，很多公司都處於調整期，在物色新的人選，所以此時的工作機會很多。此外，一年的工作結束，你可以在老公司裡領到很多獎金福利，如果在年中離開，這些獎金什麼的就都沒有了。

要學會「騎驢找馬」

想換工作時不要急於跳槽，要做好現在的，同時物色下一家，這樣可以平衡過渡。不要現在的工作沒搞定，和下一家又沒談成，結果兩邊都沒弄好，最後可能讓自己受傷，甚至長期處於失業狀態。

要善始善終

找到新東家了，也不要覺得以前的工作就與自己無關了。凡事善始善終，離開之前，把以前自己負責的工作做好，做好交接工作。這樣老公司也會記住你，興許將來還會對你有幫助。

其實，一份工作的好與壞，都是相對的。隨著你的能力的提高，新的機遇自然也會隨之而來。一旦你的視野和能力累積到了一定程度，對現在的工作自然就不會滿意了。若如此，請不要再對眼前的工作戀戀不捨，離開吧。「不飛出窩的鳥兒是長不大的」，離開你眷戀的地方，你才能夠長大。

總而言之，不要把現在擁有的當成永恆，時刻有一顆準備迎接挑戰的心，這樣你才能夠克服重重困難，重新選擇，讓自己進一步走向成功。

02做出好的業績，然後大膽提出要求

當你工作了一定的時間，能力、經驗都達到了一個新的階段，視野和以前大不相同，往往不再滿足於現狀，這就是你迎接新的挑戰的時候了。

因為相對而言，此時各方面的條件都已經成熟，應該考慮主動向老闆要求加薪或者提供新的職位。

某位年輕人，工作不久就參與公司的一個重大專案。雖然專案很辛苦，但是堅持一段時間之後，他的能力和素質有了很大的提高。兩年以後，他的業務水準、見識視野、人際交往能力都大大改善了。

老闆仍把他當以前一樣看，覺得他只是一個新人，不應該提出太多的要求。但年輕人覺得自己各方面條件已經具備，不能再以新人的薪酬和待遇來對待他，於是他果斷地向老闆提出加薪和升職的要求。

老闆雖然萬分不情願，但是考慮到他在公司中的重要性，一時沒有別人可以替代，只能滿足他的要求。因為此時如果不幫他加薪，很可能就此失去一位優秀的下屬。

這並不只是一個傳奇，它在職場中並不少見。職場畢竟是一個博弈的場所，你在公司中的地位、待遇取決於你綜合實力的提高。

所以，當你業績突出、能力素質達到一定程度時，不妨大膽提出你的要求。

幾乎很少有老闆會為你主動加薪，如果你不主動提出，那麼就等於對現狀沒有異議了，老

闆當然願意看到這樣的情況。

做出好的業績，然後大膽地提出，既合情合理，又是你長期累積的自然結果。當然，提出這樣的要求之前要做好充分的準備，萬一不成功，你也可以全身而退，不受損害。古人作戰時講究天時、地利、人和。選擇在老闆心情愉快的時候，在你做出突出業績的時候，在公司事業發展較順利的時候，往往容易成功。

如果不便直接把自己的想法告訴老闆，也可以用報告的形式，或者用暗示的的方法委婉地提出加薪要求，避免面對面的直接衝突，同樣也可以達到升職加薪、讓你更受重視的結果。

所以，如果你還在為自己的現狀犯愁，覺得自己各方面的條件已經具備，卻始終沒有得到重視，那麼不妨一試，大膽地向老闆提出要求吧！也許，你的薪酬、地位將就此得以改變。

03不斷「提醒」你的老闆，讓他們重視你

有一位朋友問我：

「我從一家公司跳到另一家公司，已經快三個月了，還處在試用期。公司主管從最開始對我不信任，到現在開始接納我，態度有了很大的轉變。但是我仍能夠感覺出他們還是對我有所懷疑，有什麼重大決策也不讓我參與，從來不提什麼時候給我轉為正式員工。我提什麼事情他們都說等試用期過了之後再說，面對他們這種態度我真不知道該怎麼辦才好。」

對此我的回答是：「你要學會不斷『提醒』你的老闆，讓他重視你。」

其實很多時候，機會對於每一個人來說都是均等的。但有的人能夠發現機會，並且善於抓住它；有的人因為過於膽怯，害怕受到主管指責，有事總是躲在後面，結果老闆也沒注意你。

怎樣讓老闆重視你，這可能是擺在職場中每一個人面前的問題。對此我建議你，從小事下手，不斷「提醒」你的老闆，逐漸改變他，這樣才能夠提高他對你的關注程度。

簡單地說，要學會讓自己不斷出現在老闆視野中。

如果你不與老闆交往，不去主動贏得他的關注，他就永遠不可能注意你。這可是千真萬確的道理。沒有人會去認識一個不想讓自己被別人認識的人，所以要學會把你自己優秀的那一面展示出來，鼓舞他、感動他，當他意識到你的態度時，對待你的方式自然就會發生轉變。

平時工作要主動，讓他感到你是想為公司努力。

積極地表達自己的觀點，提出合理化的建議。

在開會的時候，積極獻計獻策。

為老闆分擔憂愁，適時地幫助他們解決問題。

當老闆面對難處的時候，適度地挺身而出，幫助他們。

公司業務需要發展的時候，能夠擔當起重要責任。

同事有問題解絕不了的時候，你能夠出面解決。

這些都是很好的展示自己的辦法。

雖然我不贊成凡事都衝在前面，但是在老闆面前必要地展示自己還是需要的。不然就很難有機會讓人認識你，更談不上成功。

具體地說，就是要做到以下幾點。

用友善的方式去影響你的老闆

一旦有機會的話，微笑著與老闆交談吧。我想沒有人會拒絕一個面帶微笑、積極努力、想與你溝通的人。老闆當然也是如此，只要一有機會，就把你的想法和他們說出來，和他們交換你的意見，讓他們知道你在思考、在努力，這樣他們就會喜歡你，願意把機會留給你。當然，表達也要注意時機和分寸，點到即止。

實際上那些在公司裡取得機會的人，大都是看準機會，積極地展現自己才得到的。如果你沒有獲得，也不要抱怨，採取這樣的辦法試試，或許很快就能成功。

把老闆的心事放在心中

無論是哪一個老闆都是心事一大堆。工作壓力、上下級關係，生活中的煩心事，讓他們無暇應對。對此，你要予以適當的協助。比如某位員工看到老闆最近心情不佳，主動為他承擔了一些工作，還利用午飯時間和他一起聊天，結果老闆既放鬆了心情，減輕了壓力，也感受到了他的美意，對他也自然更加感激了。

所以，把老闆的心事放在心中，他們自然就會在意你。

對老闆事事關心

雖然不能說生活起居這樣的小事都要放在心上，但是至少平時一些關鍵的事情要讓老闆感到你是與他站在一起的，是願意與他分擔的。這樣他們才會感激你。

某位老闆工作壓力比較大，結果一時情緒失常、控制不住自己，對一位下屬發火。那位下屬知道了他的苦處，不但沒有惱火，反而接納了他，還幫他解決了許多問題。等老闆清醒過來之後，對他當然十分感激，也就不同於一般人看待。

與老闆像朋友一樣相處

有些人對老闆有一種拒絕或者敬畏態度，一看到他們就感到緊張害怕，不敢和他們相處，其實這是不對的。老闆大都是很平常的人，也有喜怒哀樂，也有好惡，他們也喜歡和別人交往，所以你不應該感到焦慮，而是應該找機會多和他們接觸，讓他們感到你就像他們的朋友一樣，這樣他們就會在感情上牽掛你，在關鍵的時候想起你。

這些舉動，雖然很細小，似乎都是一些很平常的行動，但實際上它們對於改變你在老闆心目中的地位很有幫助。注意從生活中的小事入手，你會發現在不知不覺中他們對你的態度就會轉變，更在乎你，你成功的機會就會更多。所以，從現在開始，好好重視它，把它用在你的生活中，讓它給你帶來意想不到的效果吧。

04別打無準備之仗

要求加薪、升職可不是一件容易的事。因為無論是哪一個老闆，都希望用最小的產出獲得最大的價值。你的要求可能還沒提出來，就碰上一個軟釘子，讓老闆給無聲無息地「消滅」了。這該怎麼辦？

某位禮品公司的業務員，因為業績突出，想提出升職加薪的要求，可是還沒等他提出來，老闆就先說話了：「今年的升職名額有限，且已經用滿，不能再有名額了，而且公司資金周轉出現問題，想加薪的，也只能等到明年。」

這在職場中是常見的現象。老闆可能會在你提出這些要求之前，就想辦法把你的話給堵回去了。可是升職加薪畢竟是一個人工作中必須考慮的重要大事，不能忽視。那麼，怎樣才能實現呢？

在這裡給你幾個建議。

選準時機

提出加薪的要求，往往是「提得早，不如提得巧」。很多人向主管要求多次，主管也沒答應，還讓主管覺得他「不忠心」。可見，摸準時機對結果影響重大。

可以選在你對公司做出重大貢獻的時候，老闆心情好，對你的要求恐怕很難拒絕；或者公司最需要你的時候，老闆用人心切，對你的要求當然是有求必應。要察言觀色，選好時機，如果錯誤地選擇了企業某項業務進展不順、在老闆心情不好的時候去談薪酬問題，會讓老闆覺得你只會「在傷口上撒鹽」，反倒招來老闆的反感。

要有充分的理由

提出升職加薪要求前，要對升職加薪的理由做個評判，比如工作量太大，忙不過來；業務難度增加，需要更大的投入；人手不夠，自己承擔很多；工作時間很久了，卻得不到重視；等等，這都是提出加薪的好理由。應根據自己平時的工作情況進行總結，必要的時候可以寫成書面材料。這樣你有理有據，老闆想拒絕也不好意思。

表明你的態度

在提出升職加薪要求時，要向老闆表明你只是對薪酬不滿，並沒有別的意思，並且要暗示老闆，一旦你的要求得到滿足，你會給他們帶來更大的回報，當老闆意識到給你加薪只會對他有好處、沒有害處時，他們自然會願意做。

了解公司的規章制度，索求有度

在提出加薪前，應該了解公司的相關規定和制度。很多人不了解公司的制度，卻盲目提出加薪。比如某位畢業生，剛到公司不久，就提百萬以上的年薪。但實際在他的職位上，最高的年薪也不過七十萬，這樣他的要求就沒有任何意義了。

多數企業對員工的薪資是定職定級的，此外還有一些公司有浮動資金，根據你的業績調整薪酬，對這些規章制度要充分了解，你提出的要求才能更有針對性、更合理。

語氣、方式要恰當

盡量用一種平和的方式向老闆提出請求，不要給人一種你是在「下最後通牒」的態度。否則，就算老闆現在答應了，也可能會把你記在心中，將來再找回來。陳述你的理由時要心態平和、語氣平穩，讓老闆感到你也是「沒有辦法」，不要讓他產生誤解。

靈活的加薪與升職要求

如果加薪的目的一時達不到，還有很多曲線的辦法可以助你達成目標，比如要求股票、獎金、分紅、晉升、年假、靈活的工作時間等，這些也是實現自己目標的很好的方式。

想好退路

萬一你的要求老闆不同意怎麼辦？得事先想好退路，以免到時措手不及。一般來說，強烈的加薪要求，往往與職業生涯的下一步計劃、發展是緊密聯繫在一起的。

很多人在提出加薪或者升職要求時，往往都是為了更大的職業發展的機會，如果老闆不答應，多數可能已經有了新的出路。

所以，在提出要求之前一定要充分準備，萬一你的目的實現不了，能夠及時化解，不要讓自己陷入一種目標無法實現、又不能擺脫的消極狀態中。

準備好打一場持久戰

要求升職加薪可不是一件容易的事，要有做好「長期戰爭」準備。

有的老闆態度很強硬，你的要求在他那裡幾乎不可能實現，但這不等於你就沒機會了，比如可以對他們說：

「我工作很努力，但是現實條件確實差一些，能不能幫助我改變一下。」

「如果條件再好一點，我工作起來就更有心情了，給您的回報也會更大。」

這樣，反覆幾次以後，我想即使是再固執的老闆，恐怕也沒辦法再拒絕你了。

總而言之，職場提出加薪升職的要求，要有持久的準備。戰爭中，總是準備充分、堅持到最後的人能夠獲勝。職場也是如此，要有充分的準備，大膽地提出，但不莽撞，「老闆進我退，老闆疲我擾」，同時要不斷地證明自己，這樣老闆就會信任你、接納你，答應你的要求，你的事業自然也就會成功，同時也會取得豐厚的回報。

05 學會去感染別人，產生「協作效應」

大雁是一種候鳥，春季和夏季在俄羅斯的西伯利亞繁殖，到了秋季，隨著天氣的逐漸轉冷，就排成隊向南飛，到亞洲南部越冬。

大雁的長途飛行經常要跨越幾千公裡，整個遷徙的過程需要一兩個月的時間，可謂是一次艱苦的跋涉。

在飛行的過程中，大雁一會兒排成「人」字形，一會兒排成斜「一」字形。它們為什麼要這麼做呢？原來，編隊飛行可以巧妙地利用上升氣流：飛在前面的大雁扇動翅膀時會產生微弱的上升氣流，飛在後面的大雁就利用這股氣流的上升力，用較小的力氣就可以完成飛行動作。

飛在隊伍前面的頭雁總是體力消耗最大的，所以要由有經驗、身體健壯的老雁擔當，並且要經常輪換。而跟在後面的大雁則要不斷地改變隊形，一是為了調換頭雁，二是為了搭配大雁的位置。

正是這種團結協作精神，使大雁能夠完成幾千公裡的長途跋涉，成功到達目的地。

即使是能力再強的人，也不能夠自己獨自把事情都做了。以最高的科學獎諾貝爾獎為例。據統計，在諾貝爾獎設立的前25年，因合作研究獲獎的占41%，而現在則躍居80%。由此可見協作的價值。然而在現實中，並不是每一個人都能夠意識到協作的價值。

有這樣一個故事，說是上帝帶著一個人去參觀天堂和地獄。

他們首先來到的是地獄。在那裡，有一大群人圍著一大鍋肉湯，每個手裡都拿著一根手柄很長的勺子。雖然每個人都可以夠得著鍋裡的肉湯，可是由於湯勺的手柄太長，所以無法把湯送到自己的嘴裡，只能夠看著湯鍋流口水。

然後上帝又帶著他來到天堂，在那裡幾乎是完全相同的一幅場景：也是一大群人圍著一鍋肉湯，每個人的手裡拿著一根相同長度手柄的勺子。不過，與地獄中的餓鬼不同的是，每個人都用自己手中的勺子去餵別人喝湯，因此他們每個人都能吃飽。

即使是最能幹的人，也需要與別人合作，才能夠把事情做成功。這是因為，每個人身上都有長處與不足，只有相互補充，才能夠發揮「1+1＞2」的協作效應。

有一位做IT的朋友，在電腦程式方面非常有天賦，在一家公司裡做了多年之後，他已經主持開發了好幾種在業內相當有名氣的軟體。於是他決定自己出來單獨創業。有幾個夥伴想與他一起出來。也許是出於自信，他都拒絕了，決定獨自創公司。不過，很快他就發現事情並不像自己想像的那麼簡單，雖然他在技術方面能力很強，然而公司的運轉需要銷售、財務、管理等各方面的人才……這些都是他非常陌生的，他一個人苦苦支撐，在公司開張兩年之後，仍然沒有達到預期中的目標。最後不得不放棄了。

不僅在個人的事業中，對於大型的商業公司來說，協作也是非常重要的。

美國的沃爾瑪公司是世界上最大的零售公司，於1962年開辦了第一家連鎖店，到2004年銷售總額已達1650億美元，在世界500強企業中排名第二，僅次於美國通用汽車公司。

不過，沃爾瑪並不是只靠自己起家的，為了忙佔領市場，它採取了「邀請加盟」的策略，邀請很多在當地有資源、有影響力的商場加盟它們的公司，使用同樣的品牌，允諾給它們一定的合作收益。這樣，它擴張得很快，在多數國家和地區都有自己的分店。

由此可見，取長補短，相互合作可以產生倍增的效果。如果想在職場中取得成功，也需要同樣的合作效應。

有人可能擔心，如果合作中發生了衝突怎麼辦？其實，再好的朋友、再好的合作夥伴也會產生衝突，只要看到協作的好處，就不要因噎廢食，抱著解決問題的態度就可以處理好。

所以，學會協作，學會取長補短，你就可以在職場中建立良好的關係，與別人一起邁向成功，成為一名事業成功的人。

06別一次把話說滿

杯子裡的水倒得太滿，就會流出來，弓箭如果拉得太緊，就可能會折斷，這就是「弓滿則斷，水滿則溢」的道理。在生活和工作中，說話做事也要留有餘地。如果話說得太滿，很可能會因「意外」下不了台。保持一定的緩和餘地，能夠讓自己保持一份從容和自然的風度。

某項工作的難度很大，老闆將此事交給了一位下屬，問他：「有沒有問題？」下屬拍著胸脯回答說：「沒問題，放心吧，三天內一定能夠完成！」可是三天過去了，卻沒見一點動靜。老闆一問才得知，工作難度遠比他想像的大，一接手才發現根本完成不了。

職場中亦如此，工作要留有三分餘地，話不能說得太滿，以免到時無法收場。

有一位年輕人，工作了幾年之後，好不容易做到了部門督辦的位置，但是工作中不太如意，工作壓力比較大不說，還經常要受上級的氣，他一心想到別處另謀發展，可是還沒等自己準備好，他就把話先說出來了：「這裡不適合我，我不想在這工作了。」「早有別的公司看中我了，一有合適的機會我就走。」結果一傳十、十傳百，全公司的人都知道了。到了年底，公司因為業務拓展，需要提拔幾個新的部門經理，本來他是很有希望的，等他一參加競聘，主管卻說：「你不是早想走了嗎？還來應徵這個做什麼？」

這就是話說得太滿、做事不慎造成的。

吃飯要吃個半飽才有助於健康，喝酒飲到微醉才能夠有感覺，做事要給自己留一點迴旋的餘地，這樣你才能夠調整自己，給自己保留更大的發展空間。

在工作中，對於上級交辦的事，應該接受，但不能說「絕對沒問題」「我一定能夠做到」這樣的話。應該用「我會努力去做」「我會盡量讓您滿意的」這樣的字眼。把話說得老練一些，這樣別人會因為你的成熟反而更信任你。

與主管、同事相處更是如此，不要表現得盛氣凌人、壓制別人，不要說「我早另有打算了」「他算什麼，我根本沒把他放在心中」「我到別處肯定比在這裡強」等類似的話。說出這樣的話，只能夠說明你不夠成熟冷靜。

可以用不確定的詞句降低你的期望值，比如「我試一下」「我會努力的」「應該差不多」等，凡事務實小心，話說七分，收放自如，在適度和完美之間找到平衡，這樣才能夠讓你始終立於不敗之地。

做事不留退路，說話不留餘地，隨意表達自己，往往是把自己架到過於明顯的位置，成為別人注意的焦點，結果是讓自己很難承受，這是每一個在職場中的人都應該避免的。

07落腳於現在，但要有遠慮

對於一名年輕人來說，如果你想在以後的人生道路上取得成功，那麼你所要做的，不僅僅是要關注現在，更要注重自己的將來。要不斷了解自己內在的興趣愛好、價值觀、優勢和特長，準確認識自己對於社會的適應性，找到自己將來的發展道路。

某位上市公司的總經理，在剛畢業時，本可以留在學校做老師，或者去很好的國營事業，都是很穩定、收入也相當可觀的工作。他的同學大都是這樣選擇的。他一開始也是這樣做的，選擇了一家很穩定的企業，但是很快他就發現，這裡工作雖然穩定，但是人們都比較安於現實，長遠來看，沒有什麼發展前途。基本上從現在就可以看到將來，現在從一個普通職員做起，過個十年，最多可以做到處長，然後升職的可能性就很小了，除非有背景，有人幫你。考慮到這一點，他經過慎重的考慮，毅然辭了職，跑到可口可樂中國公司做企劃。那時可口可樂剛打入中國，正處於成長期，做這個職業很辛苦，需要全中國到處跑，拓展客戶，他堅持下來了。最重要的是，他認識到這樣的職業可以鍛煉自己，從這樣的經歷中，讓他對自己的事業發展有一個更全面、更通透的認識。

結果，在可口可樂跌跌撞撞幾年之後，他終於成功了，成為可口可樂公司駐中國的首席代表。隨後，又不斷地更換職業，最終成為上市公司的總經理。

其實對於一個人來講，生活中沒有什麼是確定的，現在安穩的，將來可能會失去穩定，現在不成功的，將來卻可能成功，一切都取決於你現在怎樣努力。

所以，不要把現在當成將來，要從現實中發現你的優勢和特長，尋找最可能的、最有益於你成功的發展路線。

尤其要有自己的主見，不要父母說什麼自己就聽什麼，也不要老師說什麼自己就信，也不要完全受同事的影響，要在社會中不斷地學習，找到最能夠實現你的價值的地方，這樣你才能夠成功。

要落腳於現在，把你現在的工作踏踏實實地做好，同時也要考慮好你的將來。

現在沒擁有的，不等於將來還不能擁有。
現在還不敢想像的，不等於將來不能變成現實。
現在還遙不可及的，將來可能就在身邊。
把美好的願景當成真實來看待，認真地規劃它，為它付出努力，然後你就能成功！

08拒絕抱怨，從現在做起

有一位哲學博士，自覺參透了人間一切的真理，結果反而找不到人生目標，他每天東遊西逛，虛度時日。有一天，他在田間漫步，看見一位老農在插秧。田裡沒有任何參照物，他卻插得筆直。博士非常好奇，於是上前問：「老爺爺，你怎麼插得這樣整齊啊？」

老農沒有說話，只是遞給他一把秧苗，對他說：「你來試試。」

博士接過秧苗，脫下鞋子下了稻田。插了一會兒，卻發現插得歪歪扭扭，於是問老農：「為什麼我做不到呢？」

老農說：「你應該看準前面的一個目標去插。」

「是呀，這麼簡單，我怎麼沒想到。」博士恍然大悟，他抬頭望去，遠遠地看到一頭水牛在地裡吃草，心想：「就盯著它了。」又插了一會兒，發現還是插得歪歪扭扭，感到非常不解，又問老農：「為什麼我還是插不直呢？」

老農笑著說：「水牛總在動，你盯著它當然會插得歪歪扭扭，你應該盯住一個確定的目標。」

博士這才醒悟，盯著田邊的一棵柳樹去插，果然插得又快又直了。

20世紀70年代，在比爾．蓋茲剛剛起步的時候，連他自己都不會想到，當年僅靠他的業餘時間支撐起來的工作室，日後會發展成為富可敵國的微軟帝國。在此前，憑著對微型電腦技術的了解，蓋茲意識到：一個通用的平台將成為軟體行業的發展方向。於是，他就把發展這樣一款通用電腦平台作為自己的奮鬥目標。

就這樣，從DOS，到Windows 95/98，到Windows 2000、Windows XP，二十多年以來，微軟從一個幾乎不被人所知道的工作室，發展成為世界最大的軟體生廠商，而蓋茲也成為世界上的首富。根據美國著名的財經雜誌《富比士》的排行，微軟總裁蓋茲以466億美元的資產連續第十年榮登首富寶座。

有目標者才有奮鬥的動力。在職場中也是如此，有目標才能夠讓你成功。

所以，在職場中不能沒有目標，如果沒有目標，每天虛度時日，或者有了目標不能夠堅持，今天嘗試一下這個，明天嘗試一下那個，等到三四十歲的時候，才發現什麼都沒有做成。只能空嘆「白了少年頭」。

聰明的男人應該有目標。這樣他們就知道自己將來要做什麼。

他們知道自己追求的是什麼，並且把它作為自己努力的方向，開始踏踏實實地去做。在外表上看來，他們與一般人沒有什麼區別。然而在不經意間，他們的努力收到了成效，不斷取得一個個成功。他們把這些小成功累積起來，最終取得了大的成就。而此時，別人還在納悶，不知道他怎麼就能夠發展起來。

所以，為了你的將來，請從現在開始就堅定自己的目標，並且為它付出努力。

09 建立自己的人際關係網路

阿A與阿B是同事。

阿A是技術專家，工作克勤克儉，兢兢業業，一心只想著把自己的工作做好。

阿B是個人精，善於察言觀色，總是圍著主管轉。

到了提拔部門助理的時候，老闆猶豫再三，找到阿A說：「你的工作一直做得很好，技術方面尤其過硬……」

阿A：「是啊，我的技術沒的說。」

老闆：「對其他方面有什麼想法嗎？」

阿A不解地問：「什麼方面？」

老闆：

後來阿B當上了這個部門的主管。

在公司裡，到底是什麼樣的人最容易得到晉升的機會呢？在大多數人的心目中，答案一定是那些埋頭苦幹、業績突出的人。然而，如果你也是這樣認為的話，那麼可以肯定地告訴你，你錯了。

加拿大管理學家盧森斯的一項研究結果表明：在公司中升遷速度最快的並不是那些工作努力、業績突出的人，而是那些善於構建人際關係網路的人。

盧森斯對 450 多家公司的高管進行了訪談和調查，得到的結論很驚人。結果表明：那些把主要時間用在構建人際關係網上的人晉升得最快，用在這上面的時間要佔他們全部工作時間的 48%；對那些埋頭苦幹、不懂得構建人際關係網的人而言，他們在職場中得到的機會很少，花在人際關係上的時間只佔到 11%。

從這些數字裡可以看到什麼？那就是只靠努力工作是遠遠不夠的，必須有人際關係方面的才能，這樣你才有機會。

美國管理學家羅伯特．卡羅說過：「如果你想做一名成功的生意人，人際關係將是你最重要的社會技能。因為沒有哪一個人的成功能夠離得開別人。」如果你想取得成功，也不可能例外。

美國《幸福》雜誌也曾對世界五強的 191 名高級管理者進行調查。調查發現，對於那些在工作中失敗的人來說，導致失敗的最重要的原因是人際交往能力不足或者在這方面有所忽視。

人際關係對於一個人的成功確實很重要。因為很多活動都是透過人際關係網路展開的。

與別人交往，讓別人認識你。

結交事業上的朋友和夥伴，使他們在關鍵時候能夠幫助你。

與別人積極地溝通，獲得更好的機會。

把自己的意圖傳遞給別人，讓別人理解你。

幾乎沒有哪一項工作不是透過人際關係來完成的，所以，如果你還在默默辛苦地工作，對人際關係卻一無所知，那麼請從現在開始努力吧。把人際關係當成工作的重中之重，這樣你就能更好地利用別人的資源，為自己創造機會，取得成功。

10該出手的時候一定要出手

秋天到來的時候，草原上的各種野花都耐不住寒冷，紛紛收起自己的花朵。只有菊花與眾不同，在一片枯黃中開出了花蕾。

一旁有一堆狗尾草，看到了菊花的樣子，不禁感到好笑，問：「馬上就要到冬天了，你現在開花還來得及嗎？」

菊花反問：「怎麼會來不及呢？」

狗尾草不禁搖搖頭，嘆了口氣，心想：「什麼樣的傻子都有。」它沒心情理睬菊花，在秋日午後難得的和煦的陽光下，打了幾個哈欠，昏昏沉沉地睡了過去。

不知過了多久，狗尾草被一陣冷風吹醒，他抬起頭來。這是一個深秋的早上，太陽剛剛升起。在一片枯黃的亂草中，他驚訝地看到那朵菊花居然開放了，在花朵上，昨晚的霜凍還沒有化去，在陽光的照射下閃著光亮。

年老的梅鐸是世界上首屈一指的報業大亨，然而年輕的時候梅鐸卻幾乎是一事無成。

1931 年梅鐸生於澳大利亞，雖然自 1953 年起他就開始經營報紙。不過，那時的他並不成功，他只是把創業看作是一種閒餘時間的副業，生活的多數時間都用來消遣，所以，事業上可以說是幾乎沒有什麼成績。

到了70年代，在梅鐸40歲的時候，他漸漸地感到自己的人生遠不能夠讓自己滿意，看到身邊有很多人都取得了成功，於是他下決心要讓自己有所作為。就在此時，英國的《太陽報》正陷入發行量銳減的困境之中，梅鐸看準這個機會，只用了很少的錢就把它收入到囊下，然後以觀點鮮明的評論和及時的新聞報導迅速把《太陽報》提升為英國發行量最大的一家報紙。到了80年代初期，50歲的梅鐸終於走上自己事業的黃金時期，他一舉收購了在英國國民心目中享有盛譽的報紙《泰晤士報》，然後又在美國創立了自己的電視傳媒王國——福克斯公司，並迅速發展為可以與美國電視傳媒傳統三強（ABC、NBC和CBS）相競爭的大型傳媒公司。

在梅鐸是70歲壽辰的那天，人們紛紛從世界各地趕到紐約為他祝壽，面對熱情的人們，他說：「我的前半生大多被荒廢，按照我個人的估算，我的生命大概還剩下17.5萬個小時，我必須抓緊每分每秒！」

生活中有不少人，總是羨慕別人的成功，自己在機會面前卻總是退縮。在他20歲的時候，看著那些勇於闖蕩的人，他對自己說：「我還年輕，還沒有資歷，再等等吧。」到了而立之年，看著那些事業已有小成的人，又對自己說：「我還是應該堅守職位，不能冒險。」到了不惑之年，看著那些已經是在商場、在工作中叱咤風雲的人，他又對自己說：「我雖然沒有得到這些，但我至少得到了一個穩定的生活……」結果，別人在不斷的進取中成功壯大，而他卻什麼都沒有得到。

所以，如果你已經有了雄心壯志，那麼不要猶豫，請把它轉化為現實吧。生活對於每一個人來說都是公平的，機遇對於每一個人來說都是平等的，就看你能否把它抓住。

從現在開始努力，把實現你的價值與成功作為你最大的人生目標，並且為它付出堅實的努力，那麼，你一定會成功。

因為，在任何時候開始努力都不晚。

電子書購買　　爽讀 APP

國家圖書館出版品預行編目資料

職場關係學：裝傻、避禍、成功！無聲勝有聲，菜鳥必修的職場潛規則，紅人的職商秘密 / 耿興永 著 . -- 第一版 . -- 臺北市：沐燁文化事業有限公司 , 2024.09

面；　公分

POD 版

ISBN 978-626-7557-41-9(平裝)

1.CST: 職場成功法 2.CST: 人際關係

494.35　　113013442

職場關係學：裝傻、避禍、成功！無聲勝有聲，菜鳥必修的職場潛規則，紅人的職商秘密

臉書

作　　者：耿興永

發 行 人：黃振庭

出 版 者：沐燁文化事業有限公司

發 行 者：沐燁文化事業有限公司

E-mail：sonbookservice@gmail.com

粉 絲 頁：https://www.facebook.com/sonbookss/

網　　址：https://sonbook.net/

地　　址：台北市中正區重慶南路一段 61 號 8 樓

8F., No.61, Sec. 1, Chongqing S. Rd., Zhongzheng Dist., Taipei City 100, Taiwan

電　　話：(02) 2370-3310　　　傳　　真：(02) 2388-1990

印　　刷：京峯數位服務有限公司

律師顧問：廣華律師事務所 張珮琦律師

定　　價：299 元

發行日期：2024 年 09 月第一版

◎本書以 POD 印製